火山列島・日本で生きぬくための30章

歴史　噴火　減災

夏 緑 ●なつ みどり
末藤 久美子 ●すえふじ くみこ…絵

童心社

火山列島・日本で生きぬくための30章

歴史　噴火　減災

もくじ

日本の常時観測火山50……4

1 生きている火山……14

奈良時代の書物に火山の記録がある……16
日本神話に噴火予知のヒントがある……18
白い山はおにぎり形 黒い山はパンケーキ形……20
火山の底からピンクの岩がうまれる……22
フニクリ・フニクラの火山はポンペイの町を滅ぼした……24
エベレストよりも高い山がハワイにある……26
火山弾の破壊力は弾丸をこえる……28
ポンペイの悲劇は日本にもあった……30
火山灰は大飢饉をもたらす……32
アイスランドの火山は地面から噴火する……34
宇宙にもある火山の話❶……36

2 さまざまな火山のすがた……38

地球の中身は輝く緑の宝石だ……40

ホットプルームが火山をつくる……42
地球の表面は動くパズルだ……44
エベレストの山頂には貝の化石がある……46
2億年後、世界の大陸はひとつになる……48
日本には世界の活火山の1割がある……50
火山大国は地震大国だ……52
火山の熱源は原子力だ……54
生命は火山がうみ育てた……56
巨大火山による大絶滅がおこる？……58
宇宙にもある火山の話❷……60

3 火山とともに生きる……62

山小屋に布をはると火山シェルターになる……64
火山灰には毒がある……66
富士山の噴火で首都圏は停止する……68
カルデラ噴火は日本全土をおおう……70
噴火のまえに火山はうなる……72
噴火警戒レベル5 → すぐ逃げよう！……74
火山砕屑物が降ったら屋内に避難する……76
避難のときはマスク・ゴーグル・ヘルメット……78
降灰のときはマスク・ゴーグル・掃除用品……80
電気は火山に弱い……82

さくいん………84

セントヘレンズ火山（標高2550m／アメリカ・ワシントン州）

日本の常時観測火山 50

日本には110もの活火山がある。このうち「火山防災のために監視・観測体制の充実等が必要な火山」として選ばれたのが、ここにあげた常時観測火山50だ。噴火の前兆をとらえて噴火警報などをすばやく正確に発表するため、地震計、傾斜計、空振計、望遠カメラなどの火山観測施設をつくって、火山活動を24時間体制で監視・観測している。(2017年3月10日現在)

1 桜島 さくらじま 鹿児島県

- 標高：1117m（御岳）
- 北緯31°35′33″ 東経130°39′24″
- 成層火山

もとは火山島だったが、1914年の噴火で大隅半島と地つづきになった。市街地に近く、現在もっとも活発な噴火をつづけている火山。

鶴見岳・伽藍岳
雲仙岳 35
3 34 37
阿蘇山
九重山
8 霧島山
薩摩硫黄島
1 桜島
36
口永良部島 2
6 諏訪之瀬島

▲…噴火警戒レベル3（入山規制）　▲…噴火警戒レベル2（火口周辺規制）　▲…火口周辺危険

日本の主な火山の分布図。北海道から九州まで、番号付きで各火山が示されている。

- アトサヌプリ 10
- 大雪山 45
- 十勝岳 12
- 雌阿寒岳 11
- 有珠山 15
- 樽前山 13
- 倶多楽 14
- 北海道駒ヶ岳 16
- 恵山 17
- 岩木山 18
- 八甲田山 39
- 十和田 40
- 秋田焼山 19
- 秋田駒ヶ岳 21
- 岩手山 20
- 鳥海山 43
- 栗駒山 41
- 蔵王山 22
- 吾妻山 4
- 安達太良山 23
- 磐梯山 24
- 弥陀ヶ原 26
- 新潟焼山 26
- 草津白根山 5
- 那須岳 25
- 日光白根山 44
- 乗鞍岳 42
- 焼岳 27
- 浅間山 7
- 白山 28
- 御嶽山 9, 46
- 富士山 29
- 箱根山 30
- 伊豆東部火山群 31
- 伊豆大島 32
- 新島 47
- 神津島 48
- 三宅島 33
- 八丈島 49
- 青ヶ島 50
- 硫黄島 38

② 口永良部島 〈くちのえらぶじま〉 鹿児島県

- 標高：657m（古岳）
- 北緯30°26′36″ 東経130°13′02″
- 成層火山

2015年5月の噴火で火砕流が発生、住民は島の外へ約7ヶ月間避難をつづけた。2016年6月に警戒レベルを5から3に引き下げた。

③ 阿蘇山 〈あそさん〉 熊本県

- 標高：1592m（高岳）
- 北緯32°53′04″ 東経131°06′14″
- 成層火山
- ※2016/10～12：レベル3

東西17km、南北25kmの広大なカルデラと外輪山、中央火口丘からなる。カルデラ内には人が住み、農業がさかんだ。

▲…噴火警戒レベル1（活火山であることに留意）　▲…活火山であることに留意

噴火警戒レベル2（火口周辺規制）

4 吾妻山 あづまやま 山形県・福島県

- 標高：1949m（一切経山）
- 北緯37°44′07″
- 東経140°14′40″
- 成層火山

※2016/10よりレベル1

5 草津白根山 くさつしらねさん 群馬県・長野県

- 標高：2160m
- 北緯36°38′38″
- 東経138°31′40″
- 火砕丘

6 諏訪之瀬島 すわのせじま 鹿児島県

- 標高：796m（御岳）
- 北緯29°38′18″
  東経129°42′50″
- 成層火山

7 浅間山 あさまやま 群馬県・長野県

- 標高：2568m
- 北緯36°24′23″
  東経138°31′23″
- 成層火山

8 霧島山 きりしまやま 宮崎県・鹿児島県

- 新燃岳、えびの高原（硫黄山）
- 北緯31°54′34″
  東経130°53′11″
- 成層火山

＊霧島山（御鉢）はレベル1

9 御嶽山 おんたけさん 長野県・岐阜県

- 標高：3067m（剣ヶ峰）
- 北緯35°53′34″
  東経137°28′49″
- 成層火山

噴火警戒レベル1

10 アトサヌプリ あとさぬぷり 北海道

- 標高：508m
- 北緯43°36′37″
  東経144°26′19″
- 溶岩ドーム

11 雌阿寒岳 めあかんだけ 北海道

- 標高：1499m
- 北緯43°23′11″
  東経144°00′31″
- 成層火山

▲…噴火警戒レベル3（入山規制）　▲…噴火警戒レベル2（火口周辺規制）　▲…火口周辺危険

12 十勝岳 とかちだけ 北海道

- 標高：2077m
- 北緯 43°25′04″
  東経 142°41′11″
- 溶岩ドーム

13 樽前山 たるまえさん 北海道

- 標高：1041m
- 北緯 42°41′26″
  東経 141°22′36″
- 成層火山

14 倶多楽 くったら 北海道

- 標高：377m（日和山(ひよりやま)）
- 北緯 42°30′19″
  東経 141°08′40″
- 成層火山

15 有珠山 うすざん 北海道

- 標高：733m（大有珠(おおうす)）
- 北緯 42°32′38″
  東経 140°50′21″
- 成層火山

16 北海道駒ケ岳 ほっかいどうこまがたけ 北海道

- 標高：1131m（剣ケ峯(けんがみね)）
- 北緯 42°03′48″
  東経 140°40′38″
- 成層火山

17 恵山 えさん 北海道

- 標高：618m
- 北緯 41°48′17″
  東経 141°09′58″
- 溶岩ドーム

18 岩木山 いわきさん 青森県

- 標高：1625m
- 北緯 40°39′21″
  東経 140°18′11″
- 成層火山

19 秋田焼山 あきたやけやま 秋田県

- 標高：1366m
- 北緯 39°57′50″
  東経 140°45′25″
- 成層火山

▲ …噴火警戒レベル1（活火山であることに留意(りゅうい)）　　▲ …活火山であることに留意

噴火警戒レベル1（活火山であることに留意）

噴火警戒レベル1（活火山であることに留意）

20 岩手山 <small>いわてさん 岩手県</small>

- 標高：2038m
- 北緯39°51′09″ 東経141°00′04″
- 成層火山

21 秋田駒ケ岳 <small>あきたこまがたけ 秋田県・岩手県</small>

- 標高：1637m（男女岳）
- 北緯39°45′40″ 東経140°47′58″
- 成層火山

22 蔵王山 <small>ざおうざん 宮城県・山形県</small>

- 標高：1841m（熊野岳）
- 北緯38°08′37″ 東経140°26′24″
- 成層火山

23 安達太良山 <small>あだたらやま 福島県</small>

- 標高：1728m（箕輪山）
- 北緯37°38′50″ 東経140°16′51″
- 成層火山

24 磐梯山 <small>ばんだいさん 福島県</small>

- 標高：1816m
- 北緯37°36′04″ 東経140°04′20″
- 成層火山

25 那須岳 <small>なすだけ 栃木県・福島県</small>

- 標高：1915m（茶臼岳）
- 北緯37°07′29″ 東経139°57′46″
- 成層火山

26 新潟焼山 <small>にいがたやけやま 新潟県・長野県</small>

- 標高：2400m
- 北緯36°55′15″ 東経138°02′09″
- 成層火山

27 焼岳 <small>やけだけ 長野県・岐阜県</small>

- 標高：2455m
- 北緯36°13′37″ 東経137°35′13″
- 成層火山

▲…噴火警戒レベル3（入山規制）　▲…噴火警戒レベル2（火口周辺規制）　▲…火口周辺危険

28 白山 はくさん 石川県・岐阜県

- 標高：2702m（御前峰）
- 北緯36°09′18″ 東経136°46′17″
- 成層火山

29 富士山 ふじさん 山梨県・静岡県

- 標高：3776m（剣ヶ峯）
- 北緯35°21′39″ 東経138°43′39″
- 成層火山

30 箱根山 はこねやま 静岡県・神奈川県

- 標高：1438m（神山）
- 北緯35°14′00″ 東経139°01′15″
- 成層火山

31 伊豆東部火山群 いずとうぶかざんぐん 静岡県

- 標高：580m（大室山）
- 北緯34°54′11″ 東経139°05′41″
- 火砕丘等

32 伊豆大島 いずおおしま 東京都

- 標高：758m（三原新山）
- 北緯34°43′28″ 東経139°23′40″
- 成層火山

33 三宅島 みやけじま 東京都

- 標高：775m（雄山）
- 北緯34°05′37″ 東経139°31′34″
- 成層火山

34 九重山 くじゅうさん 大分県

- 標高：1791m（中岳）
- 北緯33°05′09″ 東経131°14′56″
- 成層火山

35 雲仙岳 うんぜんだけ 長崎県

- 標高：1483m（平成新山）
- 北緯32°45′41″ 東経130°17′56″
- 成層火山

噴火警戒レベル1（活火山であることに留意）

▲…噴火警戒レベル1（活火山であることに留意） ▲…活火山であることに留意

噴火警戒レベル1

36 薩摩硫黄島 さつまいおうじま 鹿児島県

- 標高：704m（硫黄岳）
- 北緯30°47′35″
  東経130°18′19″
- 成層火山

37 鶴見岳・伽藍岳 つるみだけ・がらんだけ 大分県

- 標高：1375m（鶴見岳）／1045m（伽藍岳）
- 鶴見岳／
  北緯33°17′12″
  東経131°25′47″
  伽藍岳／
  北緯33°19′03″
  東経131°25′39″
- 成層火山

火口周辺危険

38 硫黄島 いおうとう 東京都

- 標高：169m（摺鉢山）
- 北緯24°45′02″
  東経141°17′21″
- カルデラ火山の山頂部

活火山であることに留意

39 八甲田山 はっこうださん 青森県

- 標高：1585m（大岳）
- 北緯40°39′32″
  東経140°52′38″
- 成層火山

40 十和田 とわだ 青森県・秋田県

- 標高：690m（御倉山）
- 北緯40°27′34″
  東経140°54′36″
- 成層火山

41 栗駒山 くりこまやま 岩手県・宮城県・秋田県

- 標高：1627m
- 北緯38°57′39″
  東経140°47′18″
- 成層火山

42 弥陀ヶ原 みだがはら 富山県

- 標高：2621m（国見岳）
- 北緯36°34′16″
  東経137°35′23″
- 火砕流台地

▲…噴火警戒レベル3（入山規制）　▲…噴火警戒レベル2（火口周辺規制）　▲…火口周辺危険

43 鳥海山 ちょうかいさん 山形県・秋田県

- 標高：2236m（新山）
- 北緯39°05′57″
  東経140°02′56″
- 成層火山

44 日光白根山 にっこうしらねさん 栃木県・群馬県

- 標高：2578m
- 北緯36°47′55″
  東経139°22′33″
- 成層火山

※2016/12より
レベル1

45 大雪山 たいせつざん 北海道

- 標高：2291m（旭岳）
- 北緯43°39′49″
  東経142°51′15″
- 成層火山

46 乗鞍岳 のりくらだけ 長野県・岐阜県

- 標高：3026m（剣ヶ峰）
- 北緯36°06′23″
  東経137°33′13″
- 成層火山

47 新島 にいじま 東京都

- 標高：432m（宮塚山）
- 北緯34°23′49″
  東経139°16′13″
- 溶岩ドーム

48 神津島 こうづしま 東京都

- 標高：572m
  （天上山）
- 北緯34°13′10″
  東経139°09′11″
- 溶岩ドーム

49 八丈島 はちじょうじま 東京都

- 標高：854m（西山）
- 北緯33°08′13″
  東経139°45′58″
- 成層火山

50 青ヶ島 あおがしま 東京都

- 標高：423m
- 北緯32°27′30″
  東経139°45′33″
- 成層火山

活火山であることに留意

▲…噴火警戒レベル1（活火山であることに留意）　▲…活火山であることに留意

❶阿蘇山・中岳第一火口の噴火。
2004年11月29日15時24分（撮影・石塚吉浩）
❷御嶽山の噴火発生直後。水蒸気爆発をおこして、大量の噴石と噴煙を噴きあげた。
2014年9月27日11時52分頃（撮影・垣外富士男）
❸霧島山・新燃岳の噴火。
2011年1月27日17時過ぎ（撮影・永友武治）
❹霧島山・新燃岳。火口内に溶岩がたまっている。
2011年2月3日（撮影・川辺禎久）

桜島。昭和火口からの噴火のようす。
2012年5月18日15時05分頃(撮影・中野 俊)

1 生きている火山

雲仙岳。1991年9月10日夜の溶岩ドーム。5日後の9月15日、正面の部分がくずれ落ちて、大きな火砕流が発生した。(撮影・尾関信幸)

雲仙岳。1991年5月29日に発生した火砕流の先端部。(撮影・尾関信幸)

奈良時代の書物に火山の記録がある

富士山

9世紀の清和天皇が生きている間に5つもの火山が噴火した。彼をはじめ多くの古代人が噴火の記録を現代に伝えている。

わたしたちが住む日本列島には、大小6852個もの島がつらなっている。

1300年前に記録された日本の古い神話によれば、男神イザナギと女神イザナミが神々や島々をうんだという。ところがカグツチという火山の神をうんだとき、イザナミはやけどを負って死んでしまった。

怒ったイザナギは剣でカグツチを斬った。赤い血は溶岩のように大地を流れ、数多くの山や岩、雷や金属の神々がうまれたという。

1万年前の縄文時代、富士山ははげしく噴火しつづけていた。

わたしたちの祖先は人の命をうばう火山のおそろしさや噴火のようすをよく見て知っていたのだ。

9世紀は日本全土の火山活動がはげしく、清和天皇は31年の人生で何度も大噴火を経験した。大地震や津波もおこり、ふだん地震の少ない京の都も揺れつづけた。

人の心が不安になると、国が乱れてしまう。それをふせぐには正しい情報が必要だ。

869年、清和天皇は歴史書『続日本後紀』を完成させた。その中には837年5月の宮城県・鳴子火山群の水蒸気噴火など、火山の記録もある。

鳴子火山群の噴火では轟音と振動がつづき、白くにごった温泉が流れだし、火口から噴

清和天皇の一生と噴火

850年	誕生
864～866年	富士山の噴火（貞観大噴火）
864年11月	阿蘇山の噴火
867年3月	鶴見岳の噴火
871年5月	鳥海山の噴火
874年3月	開聞岳の噴火
880年	死去（31歳）

●**貞観大噴火（864～866年）**……富士山の北西斜面（現在の長尾山）の複数の火口から噴火した。大量の溶岩流が広がった焼け野原に、青木ヶ原樹海ができた。

日本の活火山110の過去の火山活動

活発度	火山の数	
特に活発 100年に5回以上、 または1万年に10回以上	13	十勝岳, 樽前山, 有珠山, 北海道駒ケ岳, 浅間山, 伊豆大島, 三宅島, 伊豆鳥島, 阿蘇山, 雲仙岳, 桜島, 薩摩硫黄島, 諏訪之瀬島
活発 100年に1回以上、 または1万年に7回以上	36	知床硫黄山, 羅臼岳, 摩周, 雌阿寒岳, 恵山, 渡島大島, 岩木山, 十和田, 秋田焼山, 岩手山, 秋田駒ケ岳, 鳥海山, 栗駒山, 蔵王山, 吾妻山, 安達太良山, 磐梯山, 那須岳, 榛名山, 草津白根山, 新潟焼山, 焼岳, 御嶽山, 富士山, 箱根山, 伊豆東部火山群, 新島, 神津島, 西之島, 硫黄島, 鶴見岳・伽藍岳, 九重山, 霧島山, 口永良部島, 中之島, 硫黄鳥島
あまり活発ではない	36	アトサヌプリ, 丸山, 大雪山, 利尻山, 恵庭岳, 倶多楽, 羊蹄山, ニセコ, 恐山, 八甲田山, 八幡平, 鳴子, 肘折, 沼沢, 燧ヶ岳, 高原山, 日光白根山, 赤城山, 横岳, 妙高山, 弥陀ヶ原, アカンダナ山, 乗鞍岳, 白山, 利島, 御蔵島, 八丈島, 青ヶ島, 三瓶山, 阿武火山群, 由布岳, 福江火山群, 米丸・住吉池, 池田・山川, 開聞岳, 口之島
データ不足で分類不能 海底火山など	23	ベヨネース列岩, 須美寿島, 孀婦岩, 海形海山, 海徳海山, 噴火浅根, 北福徳堆, 福徳岡ノ場, 南日吉海山, 日光海山, 若尊, 西表島北北東海底火山, 茂世路岳, 散布山, 指臼岳, 小田萌山, 択捉焼山, 択捉阿登佐岳, ベルタルベ山, ルルイ岳, 爺爺岳, 羅臼山, 泊山

● 過去の火山活動の回数による分類です。現在噴火しそうかどうかは関係ありません。
● 赤字は常時観測火山です。　● 雄阿寒岳と天頂山は未分類です。

きだされた熱い岩石が谷を埋めた。現地の役人は人々の不安をおさめるため、神をまつって祈らせたという。

ほかにも『続日本紀』（797年）や『日本三代実録』（901年）などの歴史書に噴火の記録がある。

火山の噴火は、人間の力では止められない。けれども人間には、力をこえる知恵がある。火山の国で今を生きるわたしたちに、古代の人々は記録を残し、知識と勇気を伝えてくれた。こうして過去に学び、火山災害を予測できるようになったのだ。

現在、日本の山のうち110山が「噴火する可能性のある火山（**活火山**）」とされている。そのうち富士山をふくむ50山は、近いうちに噴火するかもしれない、とくに注意すべき火山（**常時観測火山**）として、気象庁が24時間体制で常時観測している。観測によって噴火を予測し、被害を最小限におさえるのだ。

調べに行こう！火山のひみつ！

自由研究　地域の火山の歴史について

郷土資料館には地域の歴史がつまっている。きみが住んでいる地域には、噴火があった・火山灰が降ったなど火山に関係する記録があるか、探してみよう。

● **活火山**……過去およそ1万年以内に噴火したり、現在活発に噴気をあげて活動中の、噴火のおそれのある火山。

● **常時観測火山**……およそ100年以内に噴火しそうだったり、噴火したときの被害や社会への影響が大きいので、24時間体制で監視・観測している火山。

日本神話に噴火予知のヒントがある

神話には、じっさいの天変地異をモデルにした物語も多い。
火山の神カグツチの物語では、噴火のようすが記されている。

溶岩
傷口から赤い血が大量に流れた。
（真っ赤に溶けた溶岩）

雨
カグツチの血から雨の神がうまれた。
（火口から噴きだした水蒸気が雲をつくる）

雷
血から雷の神がうまれた。
（雨雲から雷が発生する・噴火のとどろきは雷のように聞こえる）

金属
血から刀剣や武器の神がうまれた。
（火山は金属や宝石の鉱脈をつくる）

山
体は三つに切られ、いくつもの山の神がうまれた。
（噴火で山が崩れたり、溶岩から新しい山ができる）

岩
血から岩の神がうまれた。
（冷えて固まった溶岩）

●**海底火山**……海の中にある火山で、海面上に姿をあらわしていないもの。姿をあらわすと、火山島とよばれる。

　カグツチ神の物語は噴火の特徴を記している。雨や雷は噴火と関係なさそうだが、じつは噴火を予知して身を守る重大なヒントだ。

　山の上に雨雲があるときや、山から雷のような音が聞こえるときは、噴火中または噴火の前ぶれだから、近づいてはいけないのだ。

　またこの物語は火山の恵みも伝えている。火山がうむ金属は武器や農耕具となり、金銀や宝玉は古代日本の重要な輸出品だった。

　現代でも、**海底火山**が新しい火山島をつくって日本の**領海**が広がると、豊かな漁業資源やエネルギー資源をもたらしてくれる。

調べに行こう！ 火山のひみつ！

自由研究　日本と世界の火山の神話・共通点とちがう点

ギリシャ神話やローマ神話など、世界の神話から火山の物語を探そう。
それぞれの国で火山や火山の神はどうえがかれているか、日本とくらべてみよう。

●**領海**……その国の領土である海で沖12海里（約22km）まで。また沖200海里（約370km）までの排他的経済水域（EEZ）では資源の独占権などがある。

白い山はおにぎり形
黒い山はパンケーキ形

平成新山

地中のマグマが噴火によって外に流れだすと溶岩になる。
溶岩が白っぽいほどねばり気が強く、ドーム形の山になる。

　火山の底にはマグマとよばれる、熱いどろどろに溶けた岩がある。温度は1200℃をこえる。噴火で外に流れだしたマグマを溶岩とよんでいる。

　マグマが冷えるにつれてさまざまな鉱物が結晶化する。マグマにふくまれる水分に二酸化ケイ素がとけこみ、その熱水が岩の空洞の中で冷えると、石英（水晶）の結晶ができる。土台の縞模様の層は細かい結晶のメノウだ。

　二酸化ケイ素や水晶は無色透明だが、金属が混じると紫水晶や黄水晶になる。結晶化していない二酸化ケイ素はガラスとよばれる。

　二酸化ケイ素の分子はきれいな正四面体で、テトラポッドのようにがっしりつながっている。

それを多くふくむ溶岩は水あめのようにねばり気が強く、冷えると白い斜長石や石英になる。溶岩の温度は900℃ぐらいと低めだ。

　こういうマグマをもった火山の噴火ははげしい。固まったボンドのチューブをひねり出そうとして飛び散ってしまうように、ねばり気のあるマグマが火口の栓になって圧力が上がり、爆発してしまうのだ。

　またこのようなマグマは水分が多いので、水蒸気爆発もおこしやすい。

　もっとねばり気の強いマグマからできた火山は、白くておにぎりのような形の溶岩ドームになる。昭和新山と平成新山が有名だ。

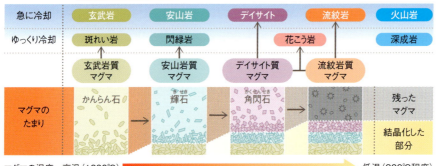

マグマの結晶化

水晶

昭和新山
標高398m。北海道南西部・有珠山のふもとにできた溶岩ドーム型の側火山で、溶岩の二酸化ケイ素は69％。有珠山は常時観測火山に指定されている。

カルデラのでき方

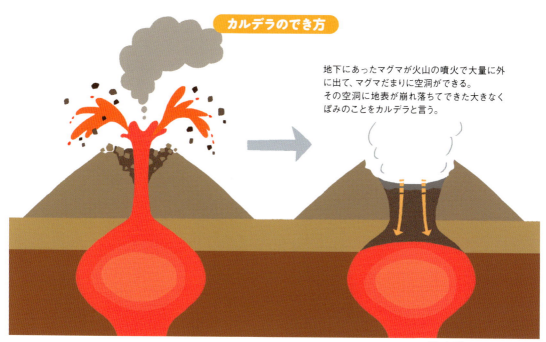

地下にあったマグマが火山の噴火で大量に外に出て、マグマだまりに空洞ができる。その空洞に地表が崩れ落ちてできた大きなぼみのことをカルデラと言う。

二酸化ケイ素の繰り返し構造

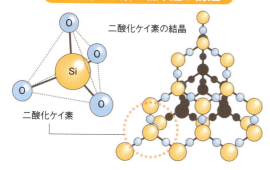

1200℃と高く、冷えると玄武岩などの黒い石になり、のっぺりとしたすそ広がりのパンケーキ形の山になる。

　このタイプの火山が大噴火すると、火山の底のマグマだまりが空っぽになり、山体がその穴に落ちこんで大きな窪地になる。この地形をカルデラといい、阿蘇山が有名だ。

　逆に溶岩のねばり気が強すぎる場合も、大爆発して飛び散りカルデラになる。

　昭和新山は1944年に噴火したが、溶岩が火口の栓になり圧力がたまって、翌1945年には407mもの溶岩ドームが盛りあがった。

　カグツチの物語のような溶岩流がサラサラ流れる噴火をおこすマグマは、二酸化ケイ素が少なくねばり気が弱い。溶岩の温度は1000〜

調べに行こう！ 火山のひみつ！

自由研究　おいしい火山をつくろう

泡だてた生クリームで溶岩を再現してみよう。ゆるく泡だてたものとしっかり泡だてたものをそれぞれしぼり出すと、どんなちがいがあるだろう。

●**平成新山**……標高1483m。長崎県・雲仙岳の噴火（1990〜96）でできた溶岩ドーム。溶岩の二酸化ケイ素は65％。雲仙岳は常時観測火山に指定されている。

●**玄武岩**……ねばり気の少ない溶岩からできた黒っぽい火山岩で二酸化ケイ素の量は53.5％以下。それ以上62％までは安山岩、70％まではデイサイト、それ以上は流紋岩。

火山の底から ピンクの岩がうまれる

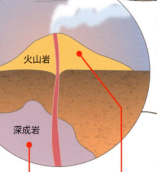

マグマが冷え固まってできた岩を**火成岩**という。
ふくまれる鉱物の割合や固まる場所によってさまざまな火成岩ができる。

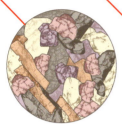
等粒状組織

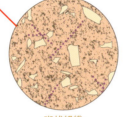
斑状組織

ブロックで世界をつくるコンピューターゲーム「Minecraft」が流行中だ。授業に使っている小学校もある。

ゲームには赤っぽい**花こう岩**、白っぽい**閃緑岩**、灰色の**安山岩**、黒っぽい**玄武岩**のブロックが登場する。これらは現実に存在する、火山からつくられる岩・火成岩だ。

ゲーム内の花こう岩と閃緑岩に斑点があるのは、マグマが深い地底で数十～数百万年をかけてゆっくりと固まった深成岩だから。大きな結晶だけでできた等粒状組織が斑点に見えるのだ。

安山岩と玄武岩は地上や地下の浅い場所でマグマが急に冷えて固まった火山岩だ。結晶化

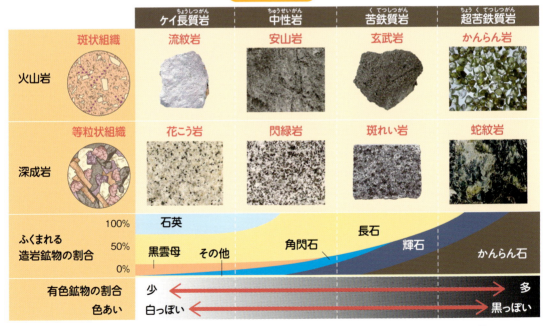

岩の組成

●**花こう岩**……ピラミッドにも使われている。花こう（花崗）とは模様が美しく硬いという意味。別名・御影石の名は兵庫県神戸市の御影地方から。

●**閃緑岩**……日本の火成岩ではめずらしい。閃緑の名は緑色の石の表面で角閃石の結晶がきらきらと光ることから。

火成岩と火山の種類

色・温度	ねばり気	岩石名	火山の形	代表的な山	噴火の仕方
黒い 1200℃	弱	玄武岩	楯状火山	キラウェア（ハワイ）	噴火はおだやかで、サラサラした溶岩が広く流れ、平たい山をつくる。
		玄武岩	成層火山	富士山	激しく噴火し、噴石や火山灰が火口のまわりに積もってすそ広がりの山をつくる。
白い 900℃	強	安山岩	溶岩円頂丘（溶岩ドーム）	昭和新山	ねばり気の強い溶岩がドーム状にもりあがる。火山ガスが多いと溶岩ドームが裂けて火砕流をおこす。

していないガラス質の中に小さな結晶がまじっている。これを斑状組織とよぶ。安山岩は玄武岩にくらべ、石英や斜長石など二酸化ケイ素からなる鉱物を多くふくんでいるので白っぽい。

閃緑岩と安山岩は、固まる場所がちがうだけで、ふくまれている鉱物の割合は同じだ。

花こう岩は深成岩だ。白っぽい鉱物が8〜9割をしめるため、閃緑岩や安山岩よりも白っぽい。花こう岩でつくられた有名な建物は国会議事堂だ。

ゲームの中の花こう岩のように、本物の花こう岩にもきれいなピンクや紅色のものがある。二酸化ケイ素に鉄がまじって、色ガラスのように色がつくのだ。

国会議事堂

花こう岩

調べに行こう！火山のひみつ！

自由研究 近所で見られる火成岩

火成岩はビルの外壁や石畳、神社やお寺の石碑や玉砂利などに使われている。地域のどこでどんな火成岩が見られるか、色つきの絵地図をつくってみよう。

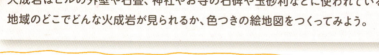

●**安山岩**……日本をふくむ大陸部分でもっとも多い火山岩。安山はアンデス山脈の山という意味。

●**玄武岩**……地球上でもっとも多い火山岩。玄武の名は兵庫県の洞窟・玄武洞から。

フニクリ・フニクラの火山はポンペイの町を滅ぼした

ベスビオ火山

2000年前、イタリアの町ポンペイはベスビオ火山の噴火で埋もれた。このようなはげしい噴火をプリニー式という。

♪鬼のパンツはいいパンツ♪……だれもが知っているこの歌の原曲は「フニクリ・フニクラ」。イタリアの観光名所・ナポリにそびえるベスビオ火山を歌った歌だ。

ベスビオ火山は、溶岩と噴煙を噴きあげる火の山だと歌われている。過去何十回も噴火して、多くの犠牲者を出している。とくに有名なのは2000年ほど昔の大噴火だ。

ベスビオは標高1281mの**成層火山**で、近くにはポンペイという町があった。当時この町には約2万人が住んでいた。商工業が盛んで、芸術や娯楽もさかえていた。まだ日本は弥生時代、世界の人口が1億人ほどしかなかった時代のことだ。

ところが79年8月24日にベスビオ火山が噴火した。マグマのねばり気が強く、小さな爆発が何度もおこり、大量の噴煙があがった。

一部の住民は噴火がおさまると考えて避難しなかった。しかし翌日、マグマが地下水と接触して火砕サージが6回発生した。

火砕サージとは、見た目は砂嵐のようだが火山灰と猛毒の**火山ガス**をふくみ、1000℃もの熱気が秒速10〜100mの速さで襲いかかってくる。これが10kmはなれたポンペイを襲った。

町に残っていた住民は300℃をこえる高温につつまれて焼死した。犠牲者はおよそ2000人で、首輪をつけた飼い犬も巻きこまれた。さらに軽石や火山灰が7mも降りつもり、町は埋もれてしまった。

人間は、この大災害に何もできなかったわけではない。ローマ帝国の軍人で自然科学者でもあった大プリニウスは部下をひきいて船を出し、救出活動と現地の調査を行った。甥の小プリニウスは噴火のようすを記して現代に伝えた。ベスビオのようなはげしい噴火をプリニー式とよぶのは、プリニウスの名にちなんだものだ。

成層火山の噴火には、ほかにストロンボリ式

●**成層火山**……火口から噴きだした溶岩などが噴火のたびに積みかさなってできた、富士山のような形の山。

とブルカノ式がある。
　ストロンボリ火山の名からとられたストロンボリ式噴火は、それほどはげしくない。

　ブルカノ火山のようなブルカノ式噴火は、日本でもよく見られる。マグマのねばり気が強いため噴火は比較的はげしい。

調べに行こう！火山のひみつ！

自由研究　ポンペイ新聞を作ろう

図書館でポンペイ遺跡に関する本を探そう。資料を集めたら、噴火当時のポンペイに住む新聞記者になったつもりで、79年8月24日や25日の壁新聞を作ってみよう。

●**火山ガス**…95％以上が水蒸気で、残りは二酸化炭素・二酸化硫黄（亜硫酸ガス）・硫化水素・塩化水素など有毒なガスが多い。

●**ストロンボリ火山・ブルカノ火山**……イタリア南部の火山島、ストロンボリ島とブルカノ島をつくる火山。海面上にあらわれている高さ（標高）は数百mていどだが、海面下2000mからそびえている。

ハワイ式噴火

エベレストよりも高い山がハワイにある

ハワイ島は海底火山の噴火でできた火山島だ。
ここにあるマウナロア火山は地球上で最大の山である。

海の底にも火山がある。海底火山が噴火をくりかえし、溶岩が積みかさなって海の上に顔を出すと、島ができる。温泉で有名な伊豆～小笠原の島々や、太平洋にうかぶポリネシアの島々は、こうしてできた火山島だ。

ポリネシアの神話では、マウイという神様が魚を釣りあげ、これが島じまになったと伝えられている。海底火山の噴火で、突然海の上に広い土地があらわれるようすから連想したのかもしれない。

ポリネシアにはハワイ島もある。5つの火山からできていて、数十万年前に海の上にあらわれた。中でもマウナロアは地球上でもっとも大きな山だ。標高は4169mと、富士山よりやや

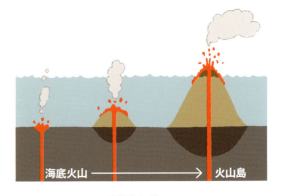
海底火山 → 火山島

高いていどだが、楯状火山で広く平べったい形をしているので、その体積は富士山50個分以上。地球上でとびぬけて大きな山で、活発に活動中の火山だ。

じつは高さでもマウナロアは世界一だ。マウナロアの本当のふもとは海底5000mのところにあるので、土台のぶんを足すと9000mをこえ、8848mのエベレスト（チョモランマ）より高くなる。

そのふもとにはツツジがたくさん咲いている。火山のまわりの土は酸性なので、ふつうの植物は育ちにくいが、ツツジは酸性土壌でよく育

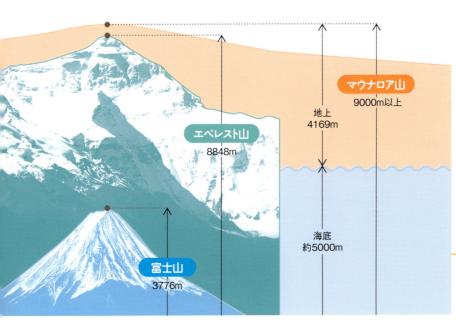
エベレスト山 8848m
マウナロア山 9000m以上
地上 4169m
海底 約5000m
富士山 3776m

ハワイ式噴火
大量の溶岩が川のように流れだす

楯状火山

カルデラ

ねばり気のないサラサラした溶岩流

つ。日本では九州の火山地帯に咲くツツジの一種のミヤマキリシマが有名だ。

ハワイの砂浜には黄緑色の宝石・ペリドットがたくさん混じっている。オリーブのような緑色なので、ハワイではオリビン、中国ではかんらん石とよばれている（橄欖はオリーブに似た植物）。

楯状火山はねばり気の少ない溶岩でできている。冷えると**スコリア**とよばれる黒い軽石になる。このような黒い火成岩には、かんらん石が多くふくまれている。

ねばり気の少ない溶岩は、噴火しても大きな爆発はおこさず、溶岩が川のように流れる。このようなおだやかな噴火様式を、ハワイ式噴火とよぶ。

かんらん石

ただしハワイ式噴火でも、爆発することはある。マグマが海水をわかして海が沸騰し、はげしいマグマ水蒸気爆発をおこすのだ。

調べに行こう！火山のひみつ！

自由研究 火山島のできかたについて

2013年に小笠原諸島にあらわれた西之島新島は、活発にマグマを噴きだし大きくなっていく、成長途中の火山島だ。これについて新聞やインターネットで調べ、まとめよう。

●**楯状火山**……楯をふせたような形をした、傾斜がゆるやかで平たい山。玄武岩質のマグマからできる。日本では岩手県・秋田県境の八幡平など。

●**スコリア**……発泡した溶岩のうち、黒～灰色のもの。白いものを軽石（パミス）とよぶ。

ペレの涙（キラウエア火山）

火山弾の破壊力は弾丸をこえる

火口から噴きあげた溶岩が空中で固まると、火山弾になる。当たると大けがをしたり、火災になることもある。

ハワイの火山の火口近くには、しずくの形をした緑褐色の小さなガラスが落ちている。サラサラの溶岩が噴きあげられ、地面に落ちる前に固まったものだ。火山の女神ペレの涙だと言われている。ハワイ式のおだやかな噴火が、たおやかに涙を流す女神を連想させるのだろう。

サラサラした玄武岩質の溶岩は温度が高く、噴火もゆるやかであまり高く噴きあげられない。それで固まる前に地面に落ち、パンケーキのような形になることもある。溶岩餅とよばれている。

マグマのねばり気が強い火山は爆発的に噴火するので、溶岩は高く噴きあげられる。勢いよくふき飛ばされて空中でクルクル回転するため、ラグビーボールのような紡錘形になって固まる。**火山砕屑物**のうち、こういう形になったものを火山弾とよぶ。

もっとねばり気が強い場合は紡錘形になれず、温度が低いため表面が早く固まってしまい、カルメラ焼きのような溶岩になる。

スコリアや軽石も火山砕屑物の一種で、マグマにふくまれた水分が噴火のときに、ソーダの栓をぬいたように発泡したものだ。スコリアは軽石よりも発泡が弱くて重いことが多い。

火山砕屑物

火山灰

火山礫（スコリア）

火山礫（軽石）

火山岩塊（火山弾）

噴火がはげしいと火山砕屑物は高く噴きあげられ、落ちてくるときの速度は秒速200ｍ以上と、弾丸なみになる。

また冷え固まったばかりの溶岩の温度は数百℃もあるので、森や民家の屋根に落ちると火災をおこすこともある。

たとえば浅間山の場合、マグマはねばり気の

●**火山砕屑物**……火山が噴きだした火山噴出物のうち、固体の形で噴きだすものの総称。溶岩や、山をつくっている岩など。液状で流れ出した溶岩や火山ガスはふくまない。略して火砕物ともよぶ。

火山砕屑物の分類　＊礫とは小石のこと

火山灰	直径2mm以下
火山礫	2〜64mm
火山岩塊	64mm以上

パン皮状火山弾（草津白根山）

噴火する浅間山（2004年9月）

軽石

紡錘形の火山弾

強い安山岩質だ。マグマのねばり気が強いと、噴火は爆発的ではげしくなり、火山砕屑物は大きくなる。50cm以上ある噴石が3kmも飛んだり、10cmもある軽石が風に乗って10km以上も飛ぶ。

小さな火山礫や火山灰は上空10kmまで噴きあげられ、風にのって数十kmも飛ぶ。小さくてもガラスを割るぐらいの破壊力があり、また農地に積もると強烈な酸性のせいで作物が枯れ、大きな被害をうむ。

調べに行こう！火山のひみつ！

自由研究　軽石の故郷を調べる

園芸店やホームセンターでは、園芸土として軽石が売られている。軽石の色や特徴をメモし、産地の近くにどんな火山があるか調べてみよう。

●噴石……火山灰以外の火山砕屑物の総称。風に流されるものを「小さな噴石」、風の影響を受けないものを「大きな噴石」とよぶ。

ストロンボリ火山

ポンペイの悲劇は日本にもあった

火山国である日本でも、古代から近年まで、
人や村が噴火に巻きこまれ、大きな被害が出ている。

　噴火の分類名のもとになった、ブルカノ火山・ストロンボリ火山・ベスビオ火山はいずれもイタリアの火山だ。それでイタリアは火山が多そうに思えるが、活火山は10個しかない。

　日本には110個の活火山がある。そのひとつ、群馬県の榛名山は1万年ほど活動を休止していたが、古墳時代の5世紀から活動を再開して数十年おきに噴火した。6世紀の前半にははげしい大噴火がおこって溶岩ドームから**火砕流**があふれ、ふもとの村がのみこまれてしまった。

　2012年、その遺跡から鉄のよろいを着た豪族と考えられる男性の骨が発掘され、日本のポンペイだと話題になった。

　長崎県の雲仙岳は1991年6月3日、火砕流で43名の死者・行方不明者を出した。

　その半月ほど前から、噴火と豪雨による**土石流**や火砕流がおこり、溶岩ドームが成長してい

ベスビオ火山

ブルカノ火山火口

た。それを取材していた報道陣や火山学者、用事があって危険区域にもどっていた住民、彼らの警戒にあたった警官や消防団員が、火砕流の犠牲になった。報道陣が火砕流がせまっても避難しなかったのは、火砕流が熱いことを知らなかったせいだった。

　榛名山と雲仙岳は、マグマが安山岩質でね

榛名山

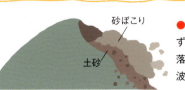

●**土石流**……山がくずれて土砂がなだれ落ちるもので、山津波ともいう。

三宅島噴火により発生した火砕流（2000年8月29日）

ばり気が強く爆発的に噴火する、溶岩ドーム型の火山だ。

　いっぽう伊豆諸島（東京都）の三宅島は、成層火山だが黒っぽい玄武岩質の火山だ。1983年の噴火で家屋に被害があったが、死傷者は出なかった。

　2000年の噴火では低温で弱い火砕流が発生したが、雲仙岳の経験から火砕流の危険性が広く知られていたため全住民がぶじに脱出できた。住民は4年半の避難生活の後、もどることができた。

雲仙岳

調べに行こう！ 火山のひみつ！

自由研究　火山ニュース新聞をつくろう

三宅島の噴火は、当時大ニュースとなった。
図書館にある新聞縮刷版などを利用して資料を集め、壁新聞をつくろう。

●**火砕流**……見た目は土石流とあまり変わらないが、1000℃もの火山ガスにつつまれている。ガス成分の多い火砕サージでは、秒速10〜100mにもなり、数分でふもとに到達してしまう。

富士山

火山灰は大飢饉をもたらす

溶岩流や火砕流の被害は一時的で局所的だが、火山灰は長期間・広範囲にわたる農作物の不作をおこし、歴史を変えるほど大きな被害をうむ。

富士山が噴火したとき火山灰の降る範囲

　火山の噴火で、もっとも大きな犠牲と損害をうむのは何だろう。

　灼熱の溶岩流や火砕流も、降りそそぐ噴石も、被害がおよぶ範囲は火山の周辺だけだ。

　ところが火山灰ははるかに広い範囲に、長期間にわたって大きな被害を与えつづける。

　火山灰はごく細かい溶岩で、酸性度が強く、水もちも悪くて、作物が育ちにくい。

　1707年の富士山の噴火（宝永噴火）では、噴火による死者はいなかった。だが、大量の火山灰が関東全土に数cmも降りつもり、雨をふくんで土砂崩れの犠牲者を出した。

　さらに火山灰が田んぼの水路をこわしたせいで凶作になり、復興には90年もかかった。

　その後、1783年のアイスランドのラキ火山の大噴火により、北半球は火山灰におおわれた。日光がさえぎられて冷害がおこり、ヨーロッパでは火山灰を吸ったことによる呼吸器の病

ラキ火山

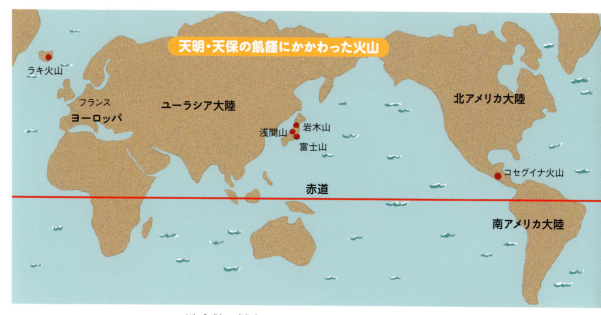

天明・天保の飢饉にかかわった火山

気でも死者が出た。また同年、岩木山と浅間山も噴火した。

このためフランスでは食料不足がつづき、1789年のフランス革命につながった。日本でも100万人近くが死亡する**天明の大飢饉**（1782～87年）がおこった。

天保の大飢饉（1833～36年）は、ニカラグアのコセグイナ火山の大噴火が一因だ。過去の経験から凶作対策はとられていたが、数十万人が死亡した。

それでも、わたしたちの祖先は命を救う努力をつづけていた。

九州南部に広がるシラス台地は、火山灰が数十万年にわたって150メートルも降りつもった土壌だ。シラスとは白い砂（がたまった場

シラス台地

所）という意味である。

サツマイモは中南米原産で、17世紀初頭に日本にやってきた。栄養豊かな土よりもシラス台地などの貧しい土壌のほうがよく実るうえに、作物の中で栽培面積あたりのカロリーがもっとも高いため、飢饉を救う救荒作物となった。サツマイモがなければ、天明の大飢饉の犠牲者はさらに増えていただろう。

調べに行こう！火山のひみつ！

自由研究　飢饉をふせぐ方法

現代の日本は食料を輸入にたよっている。フィリピン・ピナツボ火山の噴火（1991年）と平成凶作（1993年）について調べてみよう。どうすれば食料不足をふせげるだろう。

●**天明の大飢饉**……宝暦の飢饉（1755年）のダメージ・異常気象・農業政策の失敗に、噴火による日照不足や農地への降灰が加わって大飢饉となった。

●**天保の大飢饉**……冷害で飢饉が始まり、1835年の大雨による日照不足・洪水と、この年の噴火による翌年の大冷害が加わって大飢饉となった。

アイスランドの玄武岩

アイスランドの火山は地面から噴火する

北極圏に接するアイスランドの火山は、大地の長いさけ目からわきだすように噴火する。さけ目は広がりつづけている。

アイスランドはヨーロッパの北西、北大西洋にうかぶ島だ。本州の半分ほどの面積があり、9世紀に北ヨーロッパの船乗りバイキングたちが住みはじめた。

アイスランドは南からの海流と火山のおかげで、北極圏の近くにしては暖かい。夏の気温は10℃前後だが、冬でも－5℃以下に下がることはあまりない。

ここには天明の大飢饉の原因にもなったラキ火山をはじめ200個もの火山があり、豊かな温泉がわいている。地面のあちこちから湯がわきだし、川にそそぎ、リゾート客が温泉浴におとずれる。

アイスランドの神話によれば、世界ができる前、ギンヌンガガップとよばれる大きなさけ目があった。炎の国の熱気と氷の地獄の冷たい霧がぶつかってさけ目に毒のしずくが落ち、巨人がうまれた。巨人は神に殺され、その体から大地ができ、血はさけ目に満ちたという。

アイスランド

大地のさけ目はただの神話ではなく、アイスランドに実在している。さけ目からは黒っぽいサラサラした溶岩が流れだし、固まって溶岩台地をつくる。さけ目は東西にゆっくりと広がりつづけて、南北に長い溝（地溝）ができる。

このような噴火は、割れ目噴火とかアイスランド式噴火とよばれる。まさに巨人の血が満ちるギンヌンガガップだ。毒のしずくとは火山の有毒ガスがとけこんだ、硫酸や亜硫酸の温泉のことだろう。

では、どうして大地にさけ目ができるのだろ

アイスランドでは地熱を体感できる

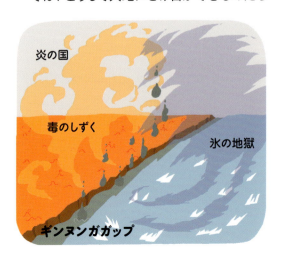

炎の国
毒のしずく
氷の地獄
ギンヌンガガップ

う？　何がさけ目を広げているのだろう？

　じつは、同じ火山国である日本列島にも大地のさけ目があるのだ。それについては、次の「2　さまざまな火山のすがた」で説明しよう。

ラキ火山（アイスランド）

ノートにうつして自由にかいてみよう！

おさらい　火山についてまとめてみよう！

	噴火の種類	噴火の絵	噴火の激しさ	溶岩の色	代表的な火山	備考
ねばり気が（　　）↑ 溶岩のねばり気 ↓ねばり気が（　　）	プリニー式					
成層火山	ブルカノ式					
	ストロンボリ式					
楯状火山	ハワイ式					
	アイスランド式					

宇宙にもある火山の話 ①

宇宙にも火山がある

地球で一番大きい火山はハワイのマウナロア火山だった。

宇宙にも火山がある。人類が今知っている範囲で最大なのは、地球のすぐ外側の惑星・火星のオリンポス火山だ。

火星は直径が地球の半分、重さが地球の10分の1ぐらいしかない小さな惑星だが、オリンポス火山の高さはふもとから27000m、マウナロアの倍以上の圧倒的な高さだ。しかもマウナロアと同じ楯状火山なので、そのすそ野は広くゆるやかで、直径550kmもある。

火星には他にも平たい大きな火山がたくさんあるが、すべてもう活動していないと考えられていた。しかしオリンポス火山は240万年前に噴火した形跡があり、これからも噴火する活火山かもしれないという説もある。

金星にも火山が多く、活発に噴火しているが、火山ガスのぶあつい雲と硫酸の雲で惑星がおおわれているため、雲の下のことはあまりわかっていない。

水星は、10億年前まで火山活動をしていたが、今は活動していない。表面は玄武岩質で、たくさんあるクレーターは火山活動のなごりだ。

そのほかの惑星はガスのかたまりのガス惑星で、そもそも地面がないので火山もない。その外側の、冥王星のような太陽系外縁天体は小さすぎて火山をつくるだけの

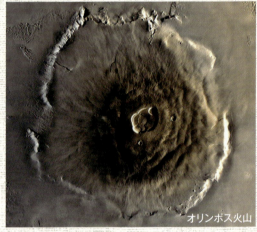
オリンポス火山

オリンポス火山（火星）
27000m

富士山
3776m

エベレスト山
8848m

地熱がない。火山のように盛りあがった地形がみられるが、これは凍った泉のようなものだ。

惑星のまわりをまわる**衛星**には火山が見つかっている。有名なのは木星の衛星イオで、地球外ではじめて発見された活火山がある。地熱のもとは、木星の巨大な引力だ。300個の火山があり、うち100個が活発に噴火している。

そのほか木星の衛星カリスト、土星の衛星タイタン、海王星の衛星トリトンで火山活動のあとが見られる。土星の衛星エンケラドスには、厚さ40kmの氷の表面の下に90℃をこえる温泉があるようだ。

月はどうだろう？　月の海とよばれる黒い部分は玄武岩質で、溶岩が噴きだして流れたものだ。火山のような地形もあるが、現在では冷えきってしまい、火山活動は見られない。

つまり宇宙でも、地面をもった岩石質の惑星や衛星では、火山はそうめずらしくないようだ。それどころか、もっと外の宇宙の別の恒星系でも火山があるかもしれない。

地球から41光年はなれた宇宙に、かに座55番とよばれる恒星がある。そのまわりをまわるかに座55番eという惑星には、もしかしたらイオのようにはげしい火山活動があり、大量の噴煙が噴きあげられているのではないかと考えられている。

●**惑星**……恒星（太陽のように自分で光る星）のまわりを公転している、自分では光らない星。地球など。

●**衛星**……惑星のまわりを公転している、自分では光らない星。月など。

北海道駒ヶ岳。山頂部の割れ目火口。
1983年8月26日(撮影・中野 俊) **1**

日光白根山の溶岩ドーム。
2015年10月7日(撮影・草野有紀) **3**

弥陀ヶ原(立山)の地獄谷。左奥は国見岳。
5 1997年10月3日(撮影・中野 俊)

2 さまざまな火山のすがた

樽前山の山頂火口と溶岩ドーム。
2008年6月（撮影・中川光弘） 2

白山。中央奥が御前峰。左は剣ヶ峰。
手前に翠ヶ池火口。
2016年9月16日（撮影・中野 俊） 4

新島の溶岩ドーム。 6
2001年4月23日（撮影・中野 俊）

地球の中身は輝く緑の宝石だ

地球は球体で、核・マントル・地殻の層に分かれている。
マントルは核に熱されて、対流している。

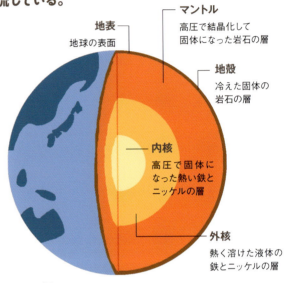

わたしたちが住む大地は、宇宙空間に浮かぶボールだ。それで地球と名づけられている。

地球の半径はおよそ6400kmだ。固い地面におおわれ、冷たい海があり、北極や南極や高山は凍りついて、冷えきった星のように見える。

でも冷えているのは表面のうす皮のような地殻の部分だけだ。その下にある**マントル**は地表に近いところで1000℃、核に近いところで3000℃もある。

マントルの中身は岩石だ。つまり固体なのだが、液体のように動く。

ミルクをなべに入れてレンジの火にかけてみると、熱された底のミルクは軽くなって表面に浮きあがり、表面の冷たいミルクは重いので底に沈む。この動きを対流とよぶ。

マントルも地球の内部でゆっくりと対流している。その速さは1年に数cmほどで、マントル層の厚さ2900kmほどを動くのに数百〜数千万年もかかる。

マントルを熱しているのは、地球の核だ。核の中心部は6000℃と、太陽の表面と同じぐらい熱い。なぜこんなに熱いのだろう？

それは46億年前に地球が誕生するとき、宇宙にただよう小惑星が引力で引きあい衝突し

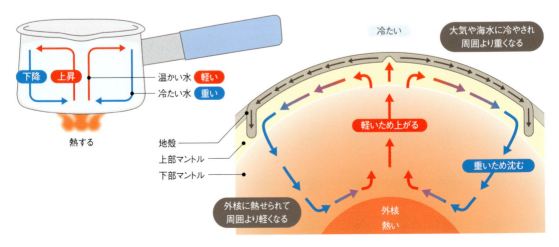

地球のでき方

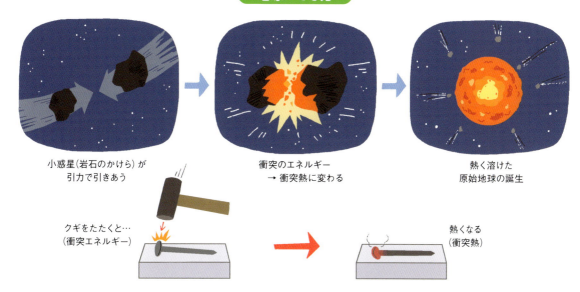

小惑星（岩石のかけら）が
引力で引きあう

衝突のエネルギー
→ 衝突熱に変わる

熱く溶けた
原始地球の誕生

クギをたたくと…
（衝突エネルギー）

熱くなる
（衝突熱）

たときに熱が発生したからだ。これはクギを金づちでたたきつづけると熱くなるのと同じ、衝突熱という熱だ。

　また地球をつくる岩石も熱をうみだしている。これは後のP54で説明しよう。

　マントルの中身は、かんらん石という緑色の石だ。マントルが溶けたマグマや、それからできた火成岩もとうぜん、かんらん石をふくんでいる。

　かんらん石はマントルの数万～数十万気圧の高圧でぎゅうぎゅうに圧縮され、結晶になっている。黄緑色の宝石ペリドットだ。

　マントルの中はペリドットや、その色ちがいの宝石ガーネットの粒がつまった宝石箱のようだと考えられている。そして高温なので、全体

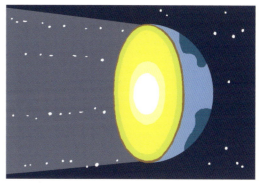

が明るく輝いている。

　しかし地面を30～70kmも掘らないとマントルに到達できないため、まだ人類はマントルを見たことがない。

調べに行こう！ 火山のひみつ！

自由研究　核やマントルは何色に光っているか

電気ストーブが赤く光るように、熱を発する物体は光を放ち、熱くなるほど青白く光る。核やマントルは何色に光っているか、近い色温度の電球を参考に、色つきの図をかこう。

●マントル……英語でマントのこと、「おおうもの」という意味。また核はコアといい、英語で「芯」という意味。

●気圧……圧力の単位。大気の重さが地上にかけている圧力を1気圧（約1kg重／c㎡）とする。水圧は水の圧力で、水深10mごとに1気圧ずつ増える。

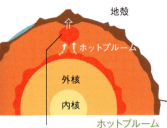

ホットプルームが火山をつくる

核に熱せられたマントルは、ホットプルームとなって地表へ浮きあがる。
圧力が下がるため液体のマグマに変わり、火山になる。

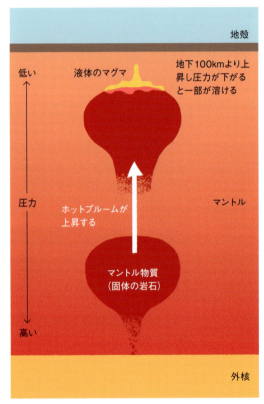

ミルクをなべでわかすと、泡がボコッと底から浮きあがる。

地球の内部でも、核の表面で熱されたマントルのかたまりが、泡のように地表へ浮きあがることがある。立ちのぼる煙突の煙という意味のプルーム、とくに熱いプルームなので、ホットプルームとよぶ。

地球の表面をつつむ地殻は、マグマが冷えて固まった、卵のからのようにうすい岩の層だ。

ホットプルームは数百～数千万年かけてマントルの底から地表近くに浮きあがる。マントルは高温高圧の岩石でできているが、地下100kmほどまで来ると圧力が下がる。すると融点も下がるので、一部が溶けて液体のマグマに変わる。

マグマはまわりの岩石より軽いので地表まで上がってきて、地下数kmのところにマグマだまりをつくる。これが地表に噴きだした地形を火山とよぶ。

だからホットプルームがわきあがる場所には、活発な火山がたくさんある。そういう場所をホットスポットとよぶ。

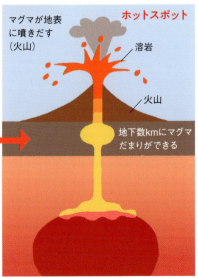

ホットプルームがマントル層を上昇していくとき、まわりのマントルが引きずられて対流がおこる。地殻はこの対流に乗ってホットスポットの両側へはなれていき、大きな谷になったり、そこからマグマが噴きだして山脈になったりする。アイスランド式火山の割れ目噴火は、こうしてできたものだ。

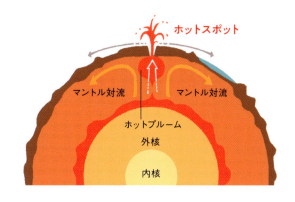

ハワイの東にある東太平洋海嶺も、ホットスポットによるさけ目にマグマが噴きだして海底火山の山脈になったものだ。

東太平洋海嶺は、東西方向へそれぞれ新しい地殻をつくりだしている。西側にあるのは太平洋の海底の地殻で、マントル対流に乗って、年に8cmずつ西に移動している。

ハワイの島々は、太平洋の地殻の底にある別のホットスポットによってできた。ベルトコンベアのように新しい火山島ができ、古い火山島はホットスポットからはなれて**死火山**になり、自分の重さで海へ沈んでいく。

ハワイから日本の東へと続く天皇海山群は、こうした火山島の残がいの列だ。このあたりは太平洋でもっとも古い、1億5000万年以上昔の地殻になっている。

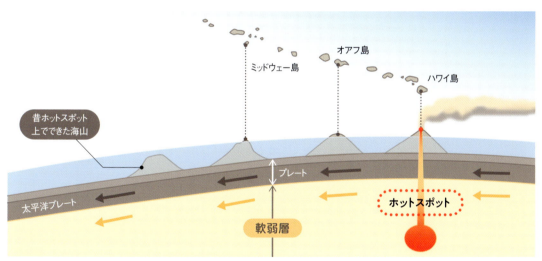

調べに行こう！火山のひみつ！

自由研究　ハワイはいつ日本に着く？

ハワイは1年に8cmずつ日本に近づいている。地球儀の表面に糸を張って日本とハワイの距離をはかり、何年で日本に着くか計算してみよう。

●**融点**……固体が溶ける、または液体が固体になる温度。圧力が高いと融点は上がる。たとえば水の融点は0℃だが、10万気圧の場所では300℃でも凍る。

●**死火山**……数千年ほど噴火していない火山を、以前は火山活動をやめたと考えてこうよんでいた。現在は数万年に一度噴火する火山もあるとわかり、噴火の記録や可能性があればすべて活火山とよぶ。

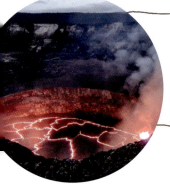

地球の表面は動くパズルだ

地殻プレートは他のプレートの下にもぐっていく。この冷たいプレートくずは、コールドプルームとなってマントルの底へ沈んでいく。

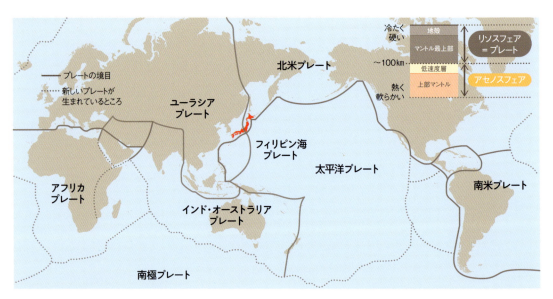

　地球の表面は何枚もの地殻プレートが、パズルのピースのように組みあわさっている。プレートとは板の意味だ。

　ハワイ諸島は太平洋プレートに乗って西へ移動している。日本はユーラシアプレートの東の端にある。

　日本の東で太平洋プレートはユーラシアプレートにぶつかる。このようにプレートが接する場所を、プレート境界とよぶ。ここで、**海洋プレート**は**大陸プレート**よりうすくて重いため、下へもぐりこむ。こういう沈みこみがおこっているプレート境界を、沈みこみ帯とよぶ。

　海洋プレートが沈みこむところは深い谷になり、海溝とよばれる。太平洋プレートがもぐる日本海溝は、8000ｍもの深さだ。

　海底の泥や海水とともに沈みこんだ海洋プレートは、深さ100kmあたりに達すると一部は圧力で上にしぼりだされてマグマになり、大陸プレートの端に火山をつくる。たとえば太平洋プレートがフィリピン海プレートの下に沈み

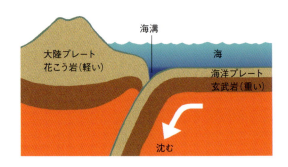

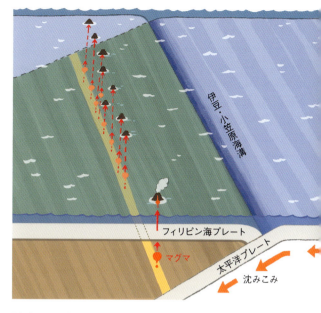

こんだ伊豆・小笠原海溝には、伊豆・小笠原の火山列島がある。

海洋プレートがさらに沈みつづけると、マントルの下部、深さ660kmあたりに到達する。そこは上部マントルと下部マントルの境界線で、プレートはくだけてたまっていく。これはスラブとよばれる。鉄をスクラップにしたあと、さらにくだいたくず鉄のことだ。

このスラブ、つまりプレートくずは、海底の冷え固まった地殻なので、まわりのマントルよりも温度が低い。プールの底の水が冷たいように、温度が低いものは比重が重く下に沈む。冷たいスラブがどんどんたまっていくと、一気に核に向かって沈みはじめる。ホットプルームの逆で、コールドプルームとよばれるマントルの流れだ。

年に10cmほどの速さでコールドプルームは沈んでいく。沈む動きの反動でホットプルームが上昇し、火山をつくる。

このようにプルームによって、マントルのダイナミックな対流がおこっている。これをプルームテクトニクスとよぶ。テクトニクスとは構造やしくみという意味だ。

プルームテクトニクス

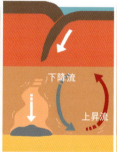

上下のマントル境界あたりでプレートはこわれ、スラブ（破片）となってたまっていく / スラブがたまり下部マントルへ落下する（コールドプルーム） / コールドプルームによって下降流、上昇流がうまれる / 外核の表面からホットプルームが上昇し、火山（ホットスポット）がうまれる

調べに行こう！火山のひみつ！

自由研究　化石の故郷をつきとめよう

山口県の秋吉台は3億年前のサンゴ礁からできた石灰岩の台地だ。熱帯で育つサンゴ礁の残がいがなぜ日本にあるのだろう。プレートの動きを見て話しあおう。

●**海洋プレート**……海嶺から噴きだしたマグマが固まってできたプレート。うすくて重い。上部マントルのマグマ（かんらん岩質）に近いため、玄武岩質。

●**大陸プレート**……沈みこむ海洋プレートからしぼりだされたマグマからできたプレート。ぶあつくて軽い。このマグマは二酸化ケイ素が多いため、花こう岩質。

エベレストの山頂には貝の化石がある

アンモナイト

移動する地殻プレートに乗って、大陸はくっついたりはなれたりする。大陸どうしがぶつかると、山脈ができる。

インドは亜大陸とよばれる。亜大陸には「広い半島」という意味と「大きな島」「小さな大陸」という意味がある。

その北にそびえるヒマラヤ山脈は「世界の屋根」とよばれる。世界一標高の高い山エベレスト（チョモランマ、サガルマタともいう）をはじめ、7000～8000m級の高山が連なっている。

その山頂から貝やアンモナイトの化石が見つかっている。これらはもともとインド洋の海底に住んでいたのに、なぜこんな高山に化石があるのだろう？ それはインド亜大陸がアフリカ大陸から今の位置へと、インド洋をはるばる移動してきたせいだ。

現在、地球にはユーラシア・アフリカ・南北アメリカ・南極・オーストラリアの、6つの大陸がある。ユーラシアをアジアとヨーロッパに分け、七大陸とすることもある。

しかし2億年前、6つの大陸はパンゲアとよばれる1つの超大陸だった。プルームテクトニクスによってマントルの対流がおこり、大陸プレートが移動した結果、パンゲアが引きさかれて6個の大陸になったのだ。このようなプレートの動きをプレートテクトニクスとよぶ。

パンゲアの時代、インドはアフリカの東側にくっついていた。しかし大陸移動によってユーラシア大陸のほうへ2億年かけて移動中、海底の地層や島をブルドーザーのようによせ集めた。そ

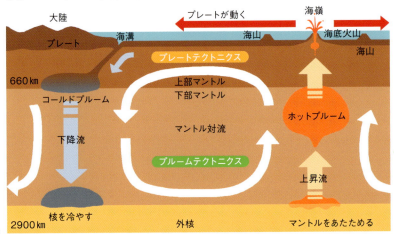

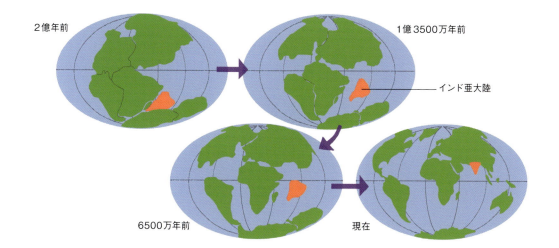

して4000万年前、ユーラシア大陸の南に衝突し、めりこんだ。よせ集められた地層はしわになって盛りあがり、ヒマラヤ山脈になった。それで山頂に貝の化石があるのだ。

ユーラシア大陸にアフリカ大陸がぶつかったところにはアルプス山脈ができた。合わせてアルプス・ヒマラヤ造山帯とよび、このようにしてできた山脈を褶曲山脈とよぶ。褶曲とはひだ状に曲がるという意味だ。火山活動でできた山ではないので、アルプス・ヒマラヤ造山帯をはじめとする褶曲山脈に火山は少ない。

ただし褶曲山脈のまわりには、プレートがぶつかったエネルギーでマグマが溶け、火山ができることもある。アルプス・ヒマラヤ造山帯には、イタリアのベスビオやエトナ、トルコのアララトなどの火山がある。

今もインドはめりこみつづけ、ヒマラヤ山脈は

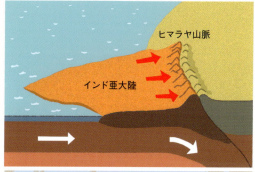

育ちつづけている。だが高山の岩石はすぐに風化して削られるため今の高さが限界のようだ。

調べに行こう！ 火山のひみつ！

自由研究　町の中で化石探検

砂や土が地層の中で圧縮されると堆積岩になる。大理石は石灰岩（堆積岩）がマグマの熱で結晶した変成岩で数億年前の化石をふくむものもある。大理石の壁から化石を探そう。

●**標高**……海面からの高さ。
●**アンモナイト**……イカやタコのなかま。古生代の半ば（4億年前）から中生代の終わり（6500万年前）まで、全世界の海で栄えていた。

●**地層**……泥・砂・小石などが風や水に運ばれ、堆積して層状にたまっていったもの。当時の生物の化石や火山灰がふくまれることもあり、過去の研究に役立っている。

2億年後、世界の大陸はひとつになる

ホットプルームはプレートを引きはなし、コールドプルームは引きよせる。
こうして大陸は、くっついたりはなれたりをくりかえす。

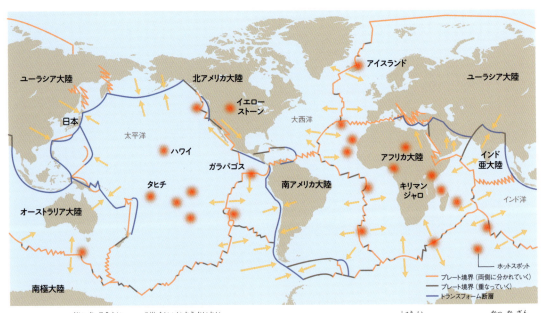

アフリカ大地溝帯は、東太平洋海嶺やアイスランド（大西洋中央海嶺）と同じ、ホットプルームがつくったホットスポットだ。そこでは長さ7000km、幅100kmの長大な谷を境として、アラビアプレートとアフリカプレートが東西にはなれていく。周囲には活発な活火山がたくさんある。

いっぽう、プレートが衝突して沈みこむ場所にはコールドプルームがうまれ、まわりのプレートは風呂の栓をぬいたように、コールドプルームにすいよせられる。

インド亜大陸がアフリカ東部から現在の位置に移動したのも、ホットプルームによって南極大陸からはなされ、ユーラシア大陸南部のコールドプルームによって引きよせられたからだ。

こうして2億年後には、地球は1つの超大陸

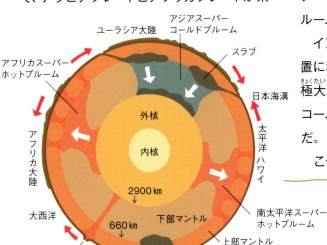

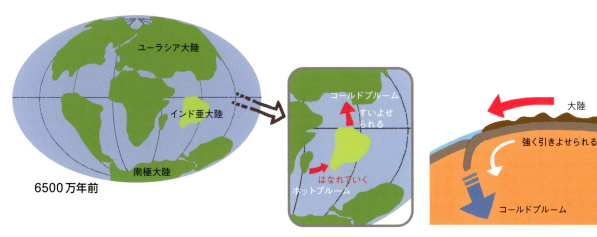

「アメイジア」になると考えられている。

アメイジアができると、どうなるだろう？

巨大な大陸はマントルをおおう毛布になる。ホットカーペットはあまりあたたかくないが、ひざ掛けをすると暑くなる。それと同じで、アメイジアの下のマントルは熱がこもって高温になり、新しいホットスポットができる。

また、大陸のまわりの海底にはコールドプルームがうまれるので、プレートが外側に引っぱられる。そのため、アメイジアはふたたびばらばらの大陸に分かれるだろう。

地球の大陸はこうして、数億年ごとにくっついたりはなれたりをくり返している。**ウェゲナー**は世界地図の大陸がパズルのようにはめこめることから大陸移動説を考え、これがプレートテクトニクスから、現在のプルームテクトニクスへと進化した。

地球は、プルームにシャッフルされる巨大なパズルなのだ。

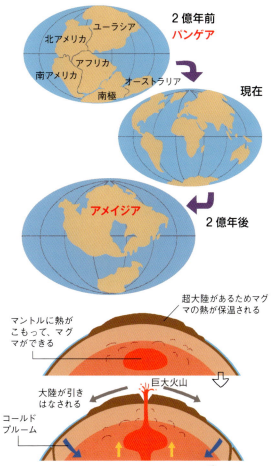

調べに行こう！火山のひみつ！

自由研究 大陸移動モデルをつくる

グード図法でかかれた世界地図は、大陸の面積と形が本物に近い。地図の大陸を切りとって、プレートの動きをヒントに、**パンゲア**やアメイジアをつくってみよう。

●**ウェゲナー**（1880～1930）……ドイツの気象学者。地球の大陸が2億年前に1つの超大陸パンゲアから分裂・移動したという大陸移動説をとなえた。

●**パンゲア**……2億年前にあった超大陸。南北に分裂し、南のゴンドワナ大陸はアフリカ・南米・インド・オーストラリア・南極・アラビア、北のローラシア大陸はユーラシアと北米に分かれた。

日本には世界の活火山の1割がある

海洋プレートは、大陸プレートの下に沈みこんだ先でマントルを溶かしてマグマに変え、火山をつくる。

主な噴火中の火山

太平洋は地球の面積の3割をしめる。5つの大陸にかこまれた境界部分には、火山が多い。この火のリングを、環太平洋火山帯とよぶ。
環太平洋造山帯ともよばれ、アルプス・ヒマラヤ造山帯とならぶ2大造山帯だ。
東太平洋海嶺からうまれた海洋プレートは東西にのび、太平洋をかこむ大陸にぶつかって沈みこむ。地下100～200kmあたりまで沈むと、まわりの圧力に押されて、ふくんでいた海水がしぼり出される。マントルに水が混じると溶けてマグマになり、大陸のへりに火山をつくる。これが環太平洋火山帯だ。
沈みこみ帯のマグマはケイ酸を多くふくむので火山や大陸プレートは花こう岩質になる。

日本列島もこの環太平洋火山帯にあり、世界の活火山の1割が存在している。地下には何枚もの大小のプレートがひしめきあい、それらのプレート境界の沈みこみ帯には、海溝や、**トラフ**、**海盆**ができる。

またユーラシアプレートと北米プレートの、大陸プレートどうしが接する場所はフォッサマグナとよばれる大地溝帯で、その上には箱根・富士から新潟へつづく富士火山帯がある。

フォッサマグナの周囲は、もとは1枚の地層だった。だが押しあうユーラシアプレートと北米プレートの境界が横ずれをおこし、南北方向の断層（地層のずれ）ができた。この割れ目からマグマがしみ出して火山の列ができた。現在は富士火山帯となっている。

このようなプレート境界にできる断層を、トランスフォーム断層とよぶ。

日本には列島を縦断する中央**構造線**をはじめとして、大きな断層がいくつもある。断層にそって火山帯ができている。

2000万年前の日本列島
太平洋プレートがユーラシアプレートの下に沈みこむ→マグマがつくられて火山活動が活発になる→大陸がさける→日本海になるところが落ちこんで湖になる

1500万年前の日本列島
湖は広がり海になる（後の日本海）

1200万年前の日本列島
海だったフォッサマグナが陸へと変わりはじめる

日本列島は、地震や火山活動によって隆起していく

調べに行こう！火山のひみつ！

自由研究　環太平洋の国々を調べよう

日本のような、環太平洋火山帯のリングの上にある国を調べよう。
また、それらの国にどんな火山があるか調べてみよう。

●**トラフ**……深さ6000m以下の浅い溝。細長い海盆のことをいう。

●**海盆**……海底の深い盆地。

●**構造線**……長い断層で、断層の両側の地質が大きくことなっているものをいう。

火山大国は地震大国だ

プレート境界では、大きな地震が数百年周期でおこる。
日本列島の下には何枚ものプレートがあるため、とても地震が多い。

海溝型地震

プレートが沈みこむプレート境界では、火山だけでなく地震も多い。

大陸プレートの端は、沈みこむ海洋プレートに引っぱられてひずみがたまる。100～200年ほど経つとたえきれなくなって、折れたりはね返ったりする。その衝撃で、プレート境界型地震がおこる。海溝やトラフでおこるため海溝型地震ともよぶ。

プレート境界型地震はエネルギーが大きく、ゆさゆさと長時間揺れて被害が大きくなる。東日本大震災をおこした東北地方太平洋沖地震（2011年）や、いつかくると不安視されている南海トラフ地震は、プレート境界型地震だ。震源地が海底なので、広範囲で津波がおこる。

西日本に比較的地震が少ないのは、沖にあるフィリピン海プレートの動きがおそく、東日本沖の太平洋プレートにくらべてひずみをためこむ周期が長いからだ。

海洋プレートがさらに深く沈みこむと、押しこまれる力にたえられず、断層ができて深発地震をおこす。プレート内地震とか、スラブ内地震とよばれる。この場合、地震の原因は海洋プレート（の破壊）だが、震源地は陸地の地下深くになる。阪神・淡路大震災をおこした兵庫県南部地震（1995年）はプレート内地震だ。

日本の地下では何枚ものプレートが押しあっ

プレートの動き

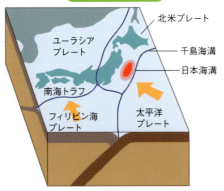

プレート内地震

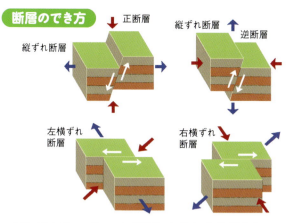

断層のでき方

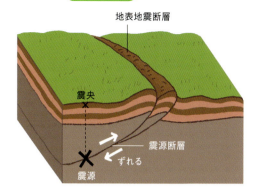

断層地震

ているため、プレートが押しあう力のひずみや地震の衝撃で断層ができる。

断層は、本棚で斜めになっている本のように不安定だ。自分の重さでじょじょに、あるいは何かの衝撃で、ドスンと落ちて地震をおこす。これが断層型地震だ。

断層には安定しているものもあるが、過去数十万年以内に何度も動いている活断層は地震をおこす危険がある。

日本には現在、2000以上の活断層がある。まだ見つかっていないものを入れると、数千にのぼると言われている。

プレート境界型地震が100～200年周期でおこるのにくらべ、1つの活断層がおこす断層型地震の周期は1000～数万年と長い。震源が浅いため、せまい範囲に大きな被害をおよぼす。それで直下型地震ともよばれる。

兵庫県南部地震では、プレート内地震によって活断層がずれたため、直下型地震となった。

おもな活断層

熊本地震（2016年）では、中央構造線にそって大地震がつづいた。活断層は長いほど大きな地震をおこす。地表の長さ20km以上の活断層はM7以上の地震をおこす危険があり、とくに警戒されている。

調べに行こう！火山のひみつ！

自由研究　近くの活断層を調べよう

国土地理院（国土交通省）のサイトに、都市圏活断層図がある。きみの家の近くのどこに、どれぐらいの長さの活断層が通っているか調べてみよう。

●**震源**……地震が発生した場所のこと。たとえばプレート内地震では、沈みこんだプレートに断層ができたその部分が震源。震源の真上の地上を震央とよぶ。

●**M（マグニチュード）**……地震のエネルギーの大きさをあらわす単位。じっさいの揺れをあらわす震度とはことなる。小さな地震はM3くらい。M7以上は大地震となる。

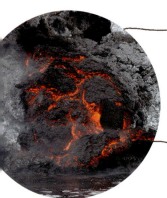

火山の熱源は原子力だ

核やマントルの熱源は、地球誕生のときの余熱と、岩石にふくまれているウランなどの放射性元素がつくりつづける崩壊熱だ。

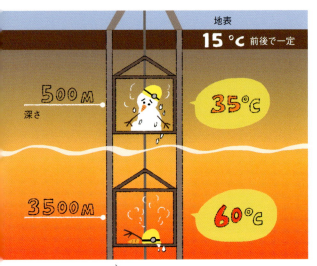

火山が噴きあげるマグマは1000℃前後、マグマの源であるマントルも同じぐらいの温度だ。けれどマントルの底は、核の熱に温められて3000℃ほどになる。核の中心部は6000℃で、太陽の表面と同じぐらいの温度だ。もし地球をスイカのように2つに割ったら、中心部は太陽のように明るく輝いているだろう。

この熱は、地球誕生時の衝突熱の余熱のほか、地球が自らうみだしつづけている熱もある。

たとえば鉱山の穴の中は外気温の影響を受けにくいので、1年中15℃ぐらいで温度が一定している。けれど鉱山エレベーターに乗って穴を降りていくと、深さ500mで35℃、3500mだと60℃と、どんどん暑くなっていく。

鉱山の底でこの熱（地熱）をつくっているのは、まわりの岩だ。岩の中にはウランなどの放射性元素がふくまれている。

放射性元素の**原子**は不安定でこわれやすい。原子がこわれることを放射性崩壊といい、そのときに**放射線**と、崩壊熱という熱が出る。まわりの岩がそうして地熱を出し、深くなるほど熱はこもって高温になっていく。地球の中心部の核が一番深いので、一番高温になる。

なお太陽など自分で光る星（恒星）の熱は、

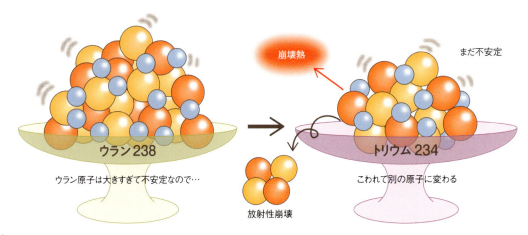

水素からヘリウムができる核融合反応によるので、地球とはしくみがちがう。

ウランは放射性崩壊しながらさまざまな放射性元素に変身し、最終的に鉛になって安定する。放射能泉にふくまれるラジウム、空気中にふくまれるラドンは、地中の豊かなウランからできたものだ。

放射線は細胞のDNAを傷つけるので生命に有害だが、生命は進化の中でDNAの自己修復機能などをそなえたので、自然放射線ていどならたえられる。地下室などは、地面からしみ出したラドンがたまって有害な量になるので、換気が必要だ。

原子力発電所などに使われる原子炉もウランを利用している。岩の中にふくまれるウランは**原子量**238のウラン238だが、その中にわずかにふくまれている少し軽いウラン235が

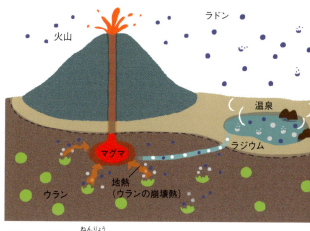

原子力発電の燃料だ。岩の中ではウラン238が自然にゆっくりと崩壊して、懐炉のようにじわじわ熱を出している。それは、45億年かけてやっと半分が燃えるほどおそい。

原子炉では人工的にウラン235をこわして、放射性崩壊よりも急ではげしい核分裂反応をおこさせ、高熱をつくりだしている。

この核分裂反応をさらに急激におこしたのが、広島で多数の犠牲者を出した原子爆弾（核爆弾）だ。自然崩壊なら7億年かけてやっと半分が燃えるウラン235を、わずか10万分の1秒で燃やし、百万℃以上の超高熱をはなった。

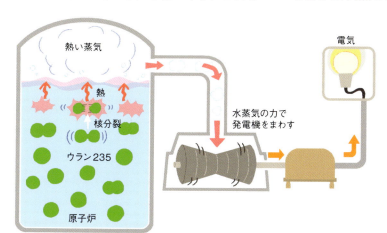

調べに行こう！火山のひみつ！

自由研究　地熱発電について調べよう

地熱発電所は、温泉の水蒸気で発電機を回して発電する。小規模なものをふくめて、現在国内の36か所で稼働中だ。地熱発電所についてくわしく調べてみよう。

- **原子**……物質を構成する小さな単位で、原子核のまわりを電子がまわっている。原子核と電子の数のバランスが悪いと、崩壊しやすい放射性元素になる。
- **原子量**……ある原子を一定の数集めたときの重さ(g数)。水素は1、ヘリウムは4。一定の数とは6020垓個で、1molという単位であらわす。
- **放射線**……原子が崩壊したときに、その部品や光が飛びだしたもの。高エネルギーなのでぶつかったものをこわす。

生命は火山がうみ育てた

さまざまな分子

生命の最初の鋳型は、マグマがつくった結晶だと考えられている。
また、火山やプレート運動は生物の大絶滅と大進化をみちびいてきた。

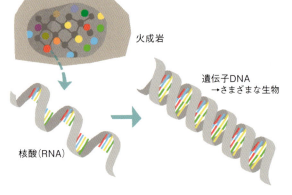

火成岩

核酸（RNA）

遺伝子DNA
→さまざまな生物

火山は生命を危険にさらす。しかし火山がなければ地球に生命はいなかった。

46億年前に地球が誕生した。そのころ地球は熱く、地表はマグマにおおわれていた。

44億年前には地表が冷えて地殻ができ、海と陸ができた。マグマがゆっくり冷えると結晶になる。この結晶構造を鋳型にして核酸とよばれる分子が整列したのが、生命体へつながる**遺伝子**の一番さいしょのはじまりだ。

こうしておそくとも38億年前に最初の生物（古細菌）がうまれた。プレートテクトニクスもはじまっていたが、地球のほとんどは海だった。

27億年前に火山活動が活発になって大陸がうまれ、19億年前にはじめての超大陸（ヌーナ大陸）ができた。しかし10億年前の超大陸（ロディニア）では大陸が赤道ふきんに集まってしまい、太陽の熱を鏡のように反射した。

これが一因となって地球は冷え、地球全体が海も陸地も凍ってしまった。全球凍結、スノーボールアース（雪玉地球）とよぶ。

生物をつくる細胞は液体の水がある環境でないと生きられない。地球は何度も全球凍結したが、火山のおかげで地中には温泉があり、海底火山のまわりにも液体の水があった。外部の環境がどんなに変わってもそこだけは凍らなかったので、原始生物は絶滅をまぬがれた。

そして最後の全球凍結が終わった6億年前

大陸移動と全球凍結のメカニズム

超大陸ロディニア
（10〜7億年前）

赤道

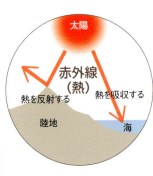

太陽

赤外線（熱）

熱を反射する　熱を吸収する

陸地　　海

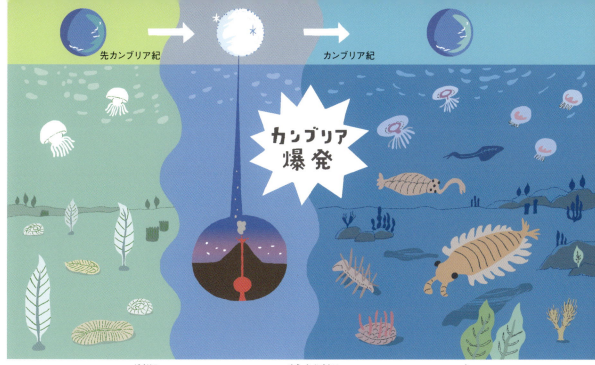

に海に出て、カンブリア爆発とよばれる生物の進化ラッシュがはじまり、現在にいたる。

しかし温泉にとどまった生物も多い。地球上には870万種類の生物がいると予測されているが、そのうち陸の生物の86％と海の生物の91％がまだ見つかっていない。その多くは地底の岩石圏にいると考えられている。

2億5000万年前に超大陸パンゲアができたときは、大量のコールドプルームが落ちこんで核を冷やし、**地球磁場**を変化させ、地球が寒冷化した。海の循環が悪くなって海中の酸素が減り、海の生物種のほとんどが絶滅した。

さらにコールドプルームによって大規模なホットプルーム（スーパープルーム）が発生し、毛布状態になったパンゲアから噴きだして、ふつうの火山噴火の数十倍の特大の噴火がおきた。このときの溶岩でできた溶岩台地がシベリアに残っている。

その結果、超大陸を焼きつくす大火災がおこった。大噴火による大量の塵がさらに寒冷化を進め、地上の生物の95％が絶滅した。

また火災のせいで、それまで30％以上あった空気中の酸素が10％まで下がり、大絶滅がおこった。けれどそのおかげで生態系の新陳代謝がすすみ、恐竜や、わたしたちの祖先の哺乳類があらわれたのだ。

調べに行こう！火山のひみつ！

自由研究 海底火山の生物を調べよう

深海の海底火山のまわりには温泉が噴きだす裂け目（熱水噴出孔）があり、温泉にふくまれる化学物質を利用した特殊な生態系がある。どんな生物がいるか調べてみよう。

●**遺伝子**……生命の情報を記録するもの。その材料は最初はRNA（リボ核酸分子）だったが、こわれにくいDNA（デオキシリボ核酸分子）に変わった。

●**地球磁場**……地球がおびる磁気で、地磁気ともいう。外核の対流によって発生し、宇宙からの放射線をふせいでいる。弱まると放射線の影響で雲が増え寒冷化すると考えられる。

巨大火山による大絶滅がおこる？

火星の表面

10億年後、地球は月や火星のように冷えてプレートテクトニクスは終わる。その前に2億年後の超大陸の出現が大絶滅を引きおこすかもしれない。

　138億年前、宇宙がはじまった。水素原子が集まって核融合反応をおこし、太陽のように燃える恒星がうまれた。

　核融合反応によって重い元素ができ、重力によって恒星の中心部に集まり核をつくる。恒星が寿命をむかえて爆発すると、核をつくっていた鉄・ニッケルなどの金属や、二酸化ケイ素・ケイ酸塩などの岩石が飛びちる。それが集まって小惑星や地球のような岩石惑星がうまれた。だから地球のマントルは鉄をたくさんふくむかんらん石でできているし、核は鉄とニッケルでできている。

　38億年前、できたての月にも地球のような熱く溶けた鉄の核があり、火山活動があったようだ。月の海とよばれる黒い部分は噴火でできた玄武岩質の溶岩、陸とよばれる白い部分は斜長岩や花こう岩など白い火成岩だ。

　地球も海の地殻はマントルの成分に近い玄武岩質で、大陸は花こう岩質であり、月とよくにている。

　けれども地球よりも小さい月では、誕生時の衝突熱は冷えきってしまった。核はまだ1000℃ほどの温度をたもっているかもしれないが、もうマントル対流をおこせるだけの熱さはない。だからプルームは発生せず、プレートテクトニクスもおきないし、火山の噴火もない。

恒星と惑星のできかた

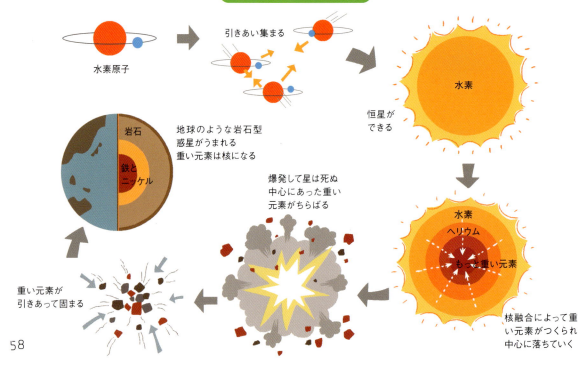

火星は月よりは大きいので、マントル対流はもう無理でも、火山は活動しているかもしれない。だとしたら地球のように温泉の中に原始生命体が生きのびているのではないかと、火星探査機は生命探査をしている。

地球はどうだろう。10億年後には核がプルームテクトニクスをおこせないほどに冷えて、プレートテクトニクスは終わり、噴火も地震もおこらなくなる。

また、太陽は歳をとるにしたがってだんだん大きくなるので、11億年後に地球が受けるエネルギーは10％増える。気温が上昇して水は干上がり、地上の生命は絶滅する。

40億年後の地球は熱く乾燥し、地下の岩石圏の生物までも完全に絶滅した死の星となるだろう。

月の海と陸

それ以前に、2億年後に超大陸アメイジアができると、古生代末期の超大陸パンゲアのときのように超大陸の底に巨大なマグマだまりができ、巨大火山によって大絶滅がおこる。

そのまえに宇宙に移住できれば人類は滅亡せずにすむだろう。

おさらい

プルームテクトニクスとプレートテクトニクスについてまとめてみよう！

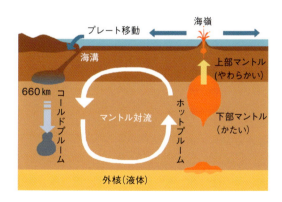

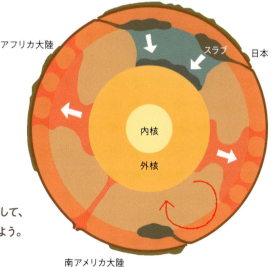

右の図をノートにうつそう。つぎに上の図を参考にして、地球のマントル対流のうごきを考え、かきこんでみよう。

宇宙にもある火山の話 ②

火星の火山が大きい理由

　地球の直径は火星の倍もあるし、重さは10倍もある。なのに火星には地球のどの火山よりも大きなオリンポス火山がある。ということは、火星は地球よりも火山活動が活発なのだろうか？

　いや、火星で最後に噴火があったかもしれないのが240万年前だ。火山活動がまだあったとしても、かなり弱っている。火星の直径は地球の半分しかないので、火星ができたときの衝突熱も自力で発熱する地熱も、小さなコップのお湯ほど早く冷えるように、冷えきってしまっているからだ。

　では、なぜオリンポス火山が大きいのか。火星にはほかにも、赤道ふきんのタルシス高地にアスクレウス、パボニス、アルシアという15km前後の巨大な火山がある。どれものっぺりした楯状火山だ。

　タルシス高地そのものがひとつの超巨大な火山かもしれない。高さ12km、広さ5000km²のタルシス高地は35億年前の大噴火でできあがった。火星の表面積の3万分の1にもなる超巨大な溶岩のかたまりがおもりになって、遠心力によって赤道へ移動した。そのせいで火星の地殻とマントルが20～25°もずれてしまった。地球では考えられない大規模な地殻変動だ。

　火星の火山がこんなに大きいのは、火星が冷えてマントル活動がおとろえているからだ。ホットスポットの上から地殻が動かないので、同じ火山がずっと溶岩を噴きだしつづけ、どんどん高くなっていく。

　地球の場合にはハワイと天皇海山群の例のように、ホットスポットの上に火山ができてもプレートの移動ではなれ、活動を止めた死火山の列になってしまう。

　マントル活動がおとろえれば地殻変動もおこらないので、火星では地震が観測されていない。

　火星があれはてた死の砂漠であるのも、マントル活動と関係がある。地球のマントルは外核に温められてホットプルームをつくりだす。見

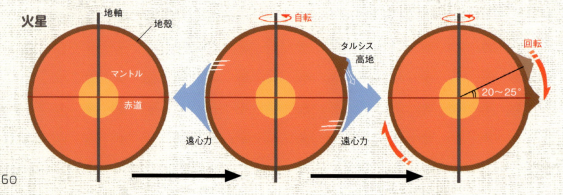

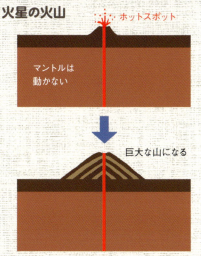

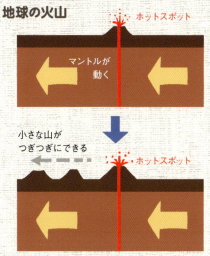

方を変えると、外核の熱がマントルにうばわれているということになる。この温度差が発電機（ダイナモ）効果をうみだし、磁場をつくっている。

しかし火星は誕生直後、小惑星の衝突がはげしすぎて衝突熱でマントルが熱くなりすぎた。マントルとは「おおい」とか「外套」という意味だが、核をおおう「おおい」が熱すぎて核の熱がじゅうぶん逃げてくれず、ダイナモ効果がなくなって、磁場が消えてしまった。

磁場がなくなると放射線をふくむ強烈な太陽風に直接さらされる。火山が噴きあげる水蒸気たっぷりの大気は太陽風にはぎとられ、火星は今のような砂漠の惑星になった。

豊かな生命をはぐくむ地球は、地球の半径の45％、体積ではじつに80％をしめるマントルによってつくられた。マントルはその名のとおり、厳しい宇宙環境から地球を守る外套（マント）なのだ。

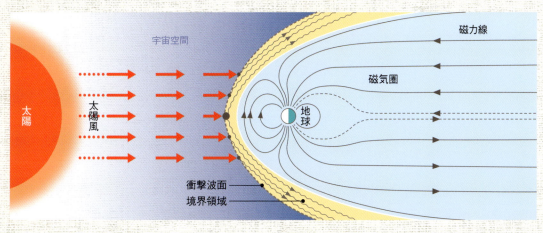

3 火山とともに生きる

箱根山。カルデラ内手前は芦ノ湖。2015年6月、大涌谷でごく小規模な噴火が発生し、噴火警戒レベル3（入山規制）に引き上げられた。2016年12月現在レベル1。観光地・箱根も、火山とともに生きる町だ。2009年（撮影・須藤 茂）

倶多楽・日和山溶岩ドームと大湯沼。火山の噴火でできた火口湖で50℃ほどの高温の湖。近くの登別温泉は倶多楽の火山活動によってできた。
2014年6月21日（撮影・中野 俊）

口永良部島・新岳火口。噴火から3日後。2015年6月1日（撮影・風早竜之介）

口永良部島・古岳火口中心部。噴気活動が活発で、かつては硫黄の採取がおこなわれていた。
2003年1月25日（撮影・中野 俊）

鹿児島県・口永良部島は2015年5月29日に爆発的噴火をおこした。気象庁は噴火警戒レベル5（避難）の噴火警報を発表し、屋久島町は島全域86世帯137人に避難指示を出した。2015年12月25日、避難指示が一部解除され（2016年6月から噴火警戒レベル3）、いつまた噴火するかもしれない活火山の島で、島民は生活を立てなおし、けんめいに生きぬく努力をつづけている。

山小屋に布をはると火山シェルターになる

噴火から身を守るには危険な火山に近づかないのが一番だ。万一の時にはシェルターに逃げるが、まだまだ数が足りていない。

高温の火砕流（雲仙岳）

防災 災害を防ぐ

減災 災害の被害をできるだけ小さくする

　災害を防ぐことを防災という。たとえば火事なら、火の元に注意すれば防ぐことができる。でも火山の噴火は人間の力で止められないから、防げない。

　防げないから、災害がおこるのはもうしかたないとして、被害を少しでも小さくする方法を考える。防災とは少しちがったこの考えかたを、減災という。

　2014年に御嶽山が噴火し、水蒸気爆発によって飛びちった火山礫や噴石が登山客に当たって58名が死亡、5名が行方不明という大災害になった。

　これを減災するには、噴火しそうな火口や火山に近づかないのがいちばん確実だ。たとえば802年に富士山が噴火したときには、近くの街道は旅人が通らないように閉鎖された。

　現在は、噴火の危険が大きい火山は常時観測火山として気象庁が監視している。噴火の危険があれば、噴火警報や噴火予報を発表したり、火山を立ち入り禁止にして、被害が出ないよう防いでいる。

　しかし噴火を完全には予知できない。そこで突然の噴火から身を守り被害を小さくするため、火口の近くには鉄筋コンクリートの火山シェルターが建てられている。

　ただ、日本でシェルターが設置されている火山は、わずか14か所しかない。御嶽山は多数の登山客が来る山だったが、シェルターがな

火山砕屑物の呼び方 ＊礫とは小石のこと

直径2mm未満	火山灰
2～64mm	火山礫
64mm以上	火山岩塊

かった。

御嶽山の事故を受けて、シェルターの整備をすすめる手引きがまとめられた。

シェルターの強度は、直径10cmの噴石が時速300kmで飛んできてもたえられること。それには、がんじょうな鉄筋コンクリートでさえ、壁や屋根の厚みが20cmも必要だ。

これを1基つくるのに数百万円もかかる。さらにそれをヘリコプターで山の上までつりあげて設置するので、合計で数千万円になる。そのため鉄筋コンクリートのシェルターを増やすことはむずかしい。

そこで登山道ぞいにすでに設置されている山小屋をシェルターとして利用する案もある。山小屋は登山者の休憩所で、食堂など店舗になっているものもある。

木造のままでは強度が弱いが、防弾チョッキ用の布をはることで強化できる。この布は1m²あたり1万円なので、数百万円でシェルターを整備できる。

阿蘇山のシェルター

火山シェルターのある山（2016年10月現在）

有珠山／十勝岳／新潟焼山／草津白根山／阿蘇山／浅間山／雲仙岳／箱根山／伊豆大島／三宅島／桜島／霧島山／口永良部島／諏訪之瀬島

自由研究　地域の火山対策を調べよう

国土交通省の「わがまちハザードマップ」から、自分の地域に火山ハザードマップがあるか探そう。ある場合、どんな火山被害が想定されているか防災情報などで調べてみよう。

- **御嶽山**……長野県と岐阜県にまたがる成層火山。標高3067m。玄武岩と安山岩からなる。常時観測火山。
- **ハザードマップ**……災害による被害の範囲や大きさを予測し、地図に書きこんだもの。火山のほか洪水・津波・土砂災害などがある。

火山灰には毒がある

噴石の危険は火口近くだけだが、火山ガスははなれたところにしみ出すこともあるし、毒性のある火山灰は遠くまで飛ぶので、広い範囲で注意が必要だ。

火山ガス（数百℃）
水蒸気（高熱）
二酸化炭素（ちっ息）
一酸化炭素・二酸化硫黄・
硫化水素・塩化水素（有毒）

マグマにまじっている水分

火山の危険は噴石だけではない。火山ガスにも注意が必要だ。

火山ガスは空気より重く、くぼ地にたまる。においがしなかったり、地面からしみ出すこともある。火山のそばや温泉地帯で火山ガスがたまった場所を通り、死亡する事故もときどきおこっている。

また、火山灰にも注意が必要だ。

火山灰は、物が燃えた灰とはちがう。軽石やスコリアのうち、直径2mm未満の小さいもののことで、ガラス片のようにチクチクする。

砂より軽いので遠くまで飛び、長い時間空気中にただよう。黒い霧につつまれたようになり、息をすると肺に入ってちっ息してしまう。大プリニウスの死因もそれだ。

また火山灰には毒性のある物質もふくまれているので、**フッ素症**など病気の原因にもなる。

軽石（パミス）とスコリア

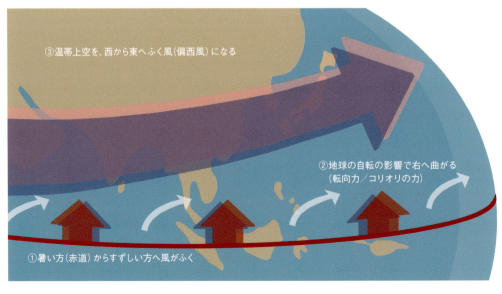

③温帯上空を、西から東へふく風（偏西風）になる

②地球の自転の影響で右へ曲がる
（転向力／コリオリの力）

①暑い方（赤道）からすずしい方へ風がふく

噴石や火砕流などは、火山からはなれれば被害を防げる。だが火山灰は高さ20kmにも噴きあがり、100km以上も風に流されて広範囲に被害をおよぼす。

北半球の上空には、偏西風という強い西風がつねにふいている。それで富士山や箱根の火山灰は、東の関東平野に降る。

こうして数万年かけて堆積したのが、**関東ローム層**だ。

火山灰による被害は長期間・広範囲におよび、大きな損害と犠牲者を出す。だから火山の減災は日本中どこにいても考えなくてはならない問題なのだ。

富士山起源のローム層の厚さ

1707年 宝永大噴火の火山灰

調べに行こう！ 火山のひみつ！

自由研究　軽石と火山灰をつくってみよう

溶岩の水分が発泡して固まると軽石になる。飴を重曹で発泡させて固めるカルメラ焼きは、自分でつくれて味もおいしい軽石モデルだ。これをくだいて火山灰モデルをつくり、さわって手ざわりを観察しよう。

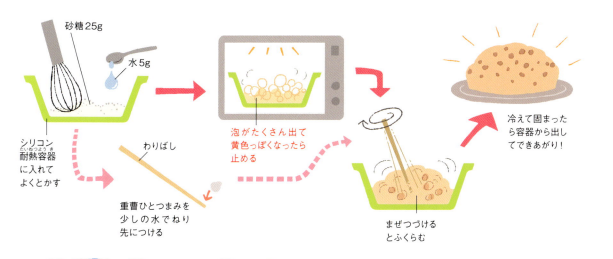

- **フッ素症**……適量のフッ素は歯の表面をかたくして虫歯予防に使われるが、大量に長い期間とりつづけると骨や関節までかたくして関節炎をおこす。
- **関東ローム層**……関東地方に広く分布する赤土の層。ロームとは砂と粘土がまじった土のこと。

富士山の噴火で首都圏は停止する

富士山が噴火すると火山灰は首都圏をおおう。車がスリップしたりエンジンがこわれるので交通は停止、発電所も止まってしまう。

9世紀の貞観大噴火（864年）では、北西部へ大量の溶岩流が流れだして湖を埋め立て、30㎢という広大な青木ヶ原ができた。

富士山の標高は3776mで、日本で一番高い山だ。大きいだけに、噴火すれば大量の溶岩や火山灰が大きな被害を出す。火山灰は**関東地方**につもり、首都圏は5cmの厚さの火山灰におおわれるだろう。

火山灰が立ちこめているあいだはマスクをしないと火山灰が肺を傷つけてしまう。

道路に火山灰がつもると車がスリップする。

それでも無理に車を走らせると、エンジンが火山灰を吸いこんで故障してしまう。火山灰は雪のようにとけたりしないので、掃除には時間がかかる。そのあいだ交通は止まってしまうので、救急車がまにあわなかったり、食料や必要物資が届かない。

仕事に行けない人がふえると、経済活動もとどこおる。するとお金が足りなくなるので、復興に時間がかかってしまう。

火山灰が**火力発電所**の空気フィルターにつまると電気も止まってしまう。地下鉄も止まる。

富士山の主な噴火史

年代	回数
700年代	1回
800年代	6回（貞観大噴火）
900年代	4回
1000年代	3回
1400年代	2回
1500年代	1回
1700年代	2回（宝永大噴火）

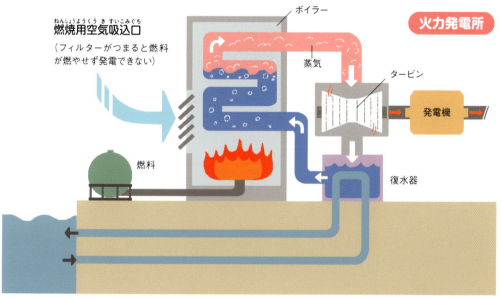

電気がないと機器が動かないので、病院では治療ができず、自治体では災害対策が行えない。それで万一の停電にそなえ、重要な施設ではガソリンを用いた発電機を持っている。ガソリンは保管がたいへんなので、一般向けにはカセットボンベを用いた発電機が便利だ。

調べに行こう！ 火山のひみつ！

自由研究　停電した町でのくらしを考えよう

もし数日にわたる停電がおこったら、家の中や学校や町の中で、どんなこまったことがおこるだろう。身のまわりを観察して、考えてみよう。

●**関東地方**……東京都を中心とする地域。ふつう東京都のほか茨城県、栃木県、群馬県、埼玉県、千葉県、神奈川県をいう。

●**火力発電所**……天然ガス・石油・石炭といった化石燃料をつかった発電所。化石燃料を燃やすために大量の新鮮な空気が必要。

カルデラ噴火は日本全土をおおう

マグマが地表に噴出すると火山(凸)をつくるが、大量に噴出するとカルデラ(凹)をつくる。カルデラ噴火は大規模だ。

エトナ火山の噴煙(2002年)

はげしい噴火で、マグマだまりにすきまができ、山体が陥没してカルデラができる

マグマが上がってくると、カルデラの中に新しく小さな火山ができる

マグマだまり　　すきま

噴火の中でもっともおそろしいのは、スーパーボルケーノ(超巨大火山)の破局噴火だ。はげしい噴火の結果カルデラができるので、カルデラ噴火とかカルデラ破局噴火ともよばれる。

有名なのは、九州の阿蘇カルデラと**鬼界カルデラ**(海中)だ。そのほかにも過去に噴火したカルデラは、九州に2、箱根に1、東北に2、北海道に6ある。

阿蘇山の最後のカルデラ噴火は9万年前。火砕流は数時間で九州ほぼ全土〜山口県までおおってしまった。

今もし阿蘇山が破局噴火したら？

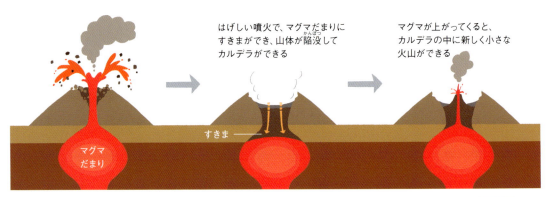

屈斜路　摩周　阿寒　洞爺　支笏　倶多楽

火山灰の厚さ5cm

十和田　鳴子

被災者 1億2000万人　10cm

1億1000万人　20cm

箱根

火砕流で死者700万人

4000万人　50cm

阿蘇　始良(2万8000年前)　阿多　鬼界

▲ 過去に噴火したカルデラ火山

※巽好幸・神戸大教授の資料を基に作成

もし現在同じ噴火がおこれば、火砕流で700万人の死者が出る。さらに関東地方まで厚さ20cm以上の火山灰におおわれ、1億人以上が被災すると試算されている。

　さらに7300年前の縄文時代におこった、鬼界カルデラができたときのカルデラ噴火では、火砕流が海をわたって九州南部をおそい、火山灰は西日本に降りつもった。もし現在同じ噴火がおこれば、九州〜関東の農業は全滅するだろう。

　カルデラ破局噴火は数万年に1度しかおこらないため、以前はあまり警戒されていなかった。しかし2016年の熊本地震で阿蘇山噴火への影響が注目され、危険性が見なおされた。

VEI	噴火の種類	主な噴火
0	ハワイ式	マウナロア
1	ストロンボリ式	桜島
2	ブルカノ式	三宅島／御嶽山
3	ブルカノ式	伊豆大島／有珠山
4	プリニー式	雲仙岳
5	プリニー式	富士山／ベスビオ火山
6	超プリニー式	十和田カルデラ／ラキ火山
7	超プリニー式	阿蘇カルデラ／鬼界カルデラ
8	破局噴火	イエローストーン

※VEI……火山爆発指数

　そこで減災のため、地下のマグマだまりを探査して噴火予測に役立てる研究が進んでいる。探査のために火薬を爆発させて人工地震をおこすので、3万人が住んでいる阿蘇カルデラでは実験できず、鬼界カルデラで実験中だ。

　桜島でも定期的に探査され、地下のマグマの量が大正噴火の90％までもどっていて10〜100年後に大噴火すると予測されている。

調べに行こう！ 火山のひみつ！

自由研究　カルデラをつくろう

風船にチョークの粉を入れ、ふくらませて口を洗濯ばさみで止める。砂場をしめらせて穴を掘り、風船の口を上にして埋め、洗濯ばさみを外して、カルデラ噴火を再現してみよう。

●**鬼界カルデラ**……鹿児島県の南、薩摩硫黄島をふくむ直径20kmほどの海底カルデラ。薩摩硫黄島は常時観測火山で100人あまりが住んでいる。

●**熊本地震**……2016年4月から熊本県と大分県でおこった内陸型の断層地震で最大震度は7。災害による負傷や避難生活等での体調悪化で204人が死亡した。

噴火のまえに火山はうなる

地面の底は肉眼では見えないが、地震波からマグマだまりの活発さやマグマだまりの位置などがわかり、減災に役立つ。

火山の本体は地下数kmにあるマグマだまりだ。マグマだまりの位置、深さ、活発さなどを調べることで噴火の予知と減災に役立つ。

地面の底を肉眼で見ることはできないが、地震波は届く。そこで、コウモリが超音波の反射を利用して餌を探すように、地震波を使って地底のことを調べている。

噴火の前には、マグマだまりに圧力がたまっているため、地面の底は沸騰したやかんのようになっている。蒸気が逃げ場を探してぐらぐらとふたが動いている状態だ。それで地震がおこる。これを火山性地震といい、噴火の予測に役立っている。

人の体に感じないような、ごく弱い地震も観測器は見のがさない。地震波にはP波（縦揺れ）とS波（横揺れ）があり、たとえば地中で断層がずれて火山性地震がおこると、エネルギーの大きな地震波であるS波が大きくなる。

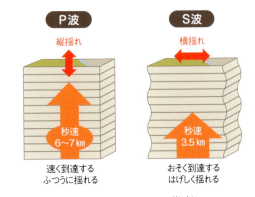

これが観測されたら噴火の警戒をしなければならない。もし断層がずれたひびからマグマが上がってきたら、火山ガスが発泡して噴火をおこすからだ。

いっぽう、マグマの移動や発泡では、水道管を水が流れるときのように、P波とS波の区別が不明瞭で周期的な震動がおこる。これを火山性微動という。

地震波は人間の耳で聞こえないぐらい低い音だが、聞こえる周波数になおすと、雷のよう

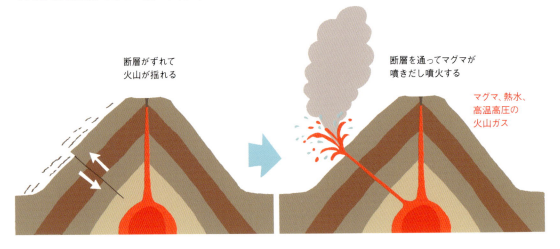

なガラガラという音がする。

　火山活動が活発になると、火山性微動も大きくなり、人が揺れを感じることもある。マグマから出た火山ガスは岩盤のひびを通って地上へ噴きだすので、ふつうは地上のガスが濃くなればマグマの活動が活発になっているしるしだ。ガスが岩盤の中を動いたとき、その衝撃で火山性地震がおこる。

　しかし逆に、火山性微動が弱まって止まったあとに大噴火がおこる場合もある。この場合は岩盤のひびが目づまりをおこし、ガスの動きが止まって火山性微動が弱まるのだ。地上に噴出するガスも薄くなる。火山が静かになったように見えるが、じつは逆にガスの逃げ場がなくなって地下の圧力が高まっているため、大噴火をおこすのだ。

　火山の震動と噴火の関連性はまだまだわからないことも多く、より正確な噴火予測のため、観察と分析がつづけられている。

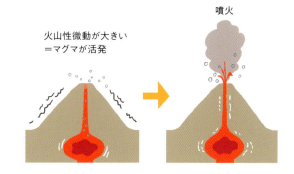

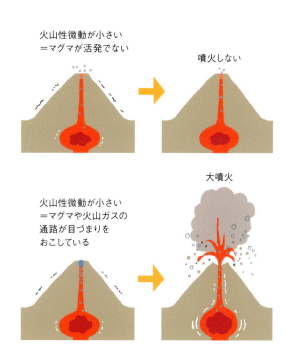

調べに行こう！火山のひみつ！

自由研究　マグマの発泡を再現してみよう

ペットボトルの炭酸飲料のふたを開けると、小さく気泡がはじけて細かい震動がおこっている。ここにラムネを数粒入れるとどうなるだろう。汚れるのでペットボトルはバケツの中に置いて実験しよう。

噴火警戒レベル5
→ すぐ逃げよう！

人に被害が出そうな38の火山には噴火警戒レベルがもうけられている。
しかし警戒レベルより大規模な噴火もおこるので注意しよう。

　火山は貴重な資源でもある。火山や温泉は古代から観光や静養の地として人気が高く、大きな町へと発展した。

　それらの町は火山に近いので、大きな噴火がおきると被害をうける。雪の季節だと、火砕流が雪をとかし、融雪型火山泥流となって谷ぞいになだれ落ちる。数十分ほどでふもとの町に到達するから、噴火してから避難するのではまにあわない。

　それで気象庁では避難準備のめやすとして、50の常時観測火山のうち、登山者や周辺住民などがいる38の火山に噴火警戒レベルをもうけている。それぞれの山の現在の噴火警戒レベルなどは、気象庁のインターネットサイトから検索できる。

　予想される噴火が小規模な場合、火山に近よらなければだいじょうぶなので、警戒レベルは低い。

　しかし大規模な場合はふもとの町まで被害を受けるため、急いで避難するよう警報を出す。

　2014年の御嶽山は、噴火前はレベル1とされていたが、火口の状況的には1と2の間で、噴火するとレベル3に引きあげられた。現在は

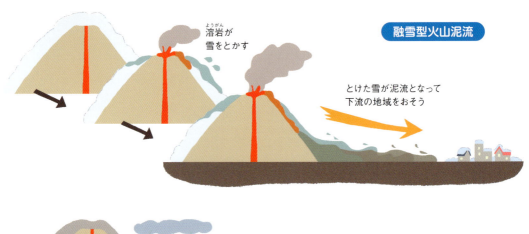

融雪型火山泥流

溶岩が雪をとかす

とけた雪が泥流となって下流の地域をおそう

雨をふくんだ火山灰が土石流になりふもとをおそう

火山灰

土石流

	特別警報		警報		予報
名称	噴火警報（居住地域）または噴火警報		噴火警報（火口周辺）または火口周辺警報		噴火予報
対象範囲	居住地域およびそれより火口側		火口から居住地域近くまで	火口周辺	火口内等
レベル	レベル5	レベル4	レベル3	レベル2	レベル1
キーワード	避難	避難準備	入山規制	火口周辺規制	活火山であることに留意
火山活動の状況	噴火しているか今にも噴火しそう、居住地が危険。	噴火しそう、居住地が危険。	噴火しているかしそう、居住地の近くまで危険。	噴火しているかしそう、火口の周辺は危険。	しずかだが、火口に近づくと危険なときがある。
住民	全員避難。	避難しにくい人は先に避難、他は避難準備。	避難しにくい人は避難準備、他は注意して生活。	通常の生活。	
登山者・入山者			山に近よらない。	火口に近よらない。	火口に気をつける。

レベル2に下げられているが、それでも火口からおよそ1kmもの広い範囲に噴石を降らせる噴火の危険があるとされている。

　火山は生きているので、状況は毎日変化する。火山に近づくときは、気象庁のインターネットサイトの火山登山者向けの情報提供ページや**噴火速報**など、最新の情報を確認したうえで、警戒レベルが低くても油断しないようにしよう。

調べに行こう！火山のひみつ！

自由研究　噴火レベルを調べよう

P4・P5の50火山の図から気象庁サイトの防災情報にある「噴火警報・予報」のリストに掲載されている山を探し、現在の噴火警戒レベルを調べてみよう。

●**居住地域**……人が定住している家のある地域のこと。この場合はふもとの町のことで山小屋はふくまない。

●**噴火速報**……噴火の危険をすばやく知らせて登山者や山小屋など火山周辺の人が身を守るための速報。テレビ・ラジオのほか携帯端末のメールやアプリもある。

火山砕屑物が降ったら屋内に避難する

火山が噴火したときの対応は、場所や時間によって変わってくる。基本的には火口に近く危険性の高い場所から避難をしはじめる。

噴火によって発生した流下物（火砕流など）

火山灰

❺想定される最大の噴火でも流下物の被害を受けないが、火山灰が降ってくる範囲。

❶噴火と同時に火山砕屑物が降り、流下物が流れてくる範囲（火口周辺）。

❷すぐに流下物の被害を受ける範囲（3時間以内に流下物が到達する）。

❸しばらくして流下物の被害を受ける範囲。

❹想定される最大の噴火で流下物の被害を受ける範囲。

噴火発生！

❶❷ すぐに避難

❸❹ 流下物の発生は？ ある → 避難または避難準備 / ない → 避難準備

❺ 家の中に避難

避難は徒歩で行い、自治体で定められた一次集合場所に集まってから、バスで避難所へ移動する。全員が安全に避難できるように自治体は避難計画を立てているが、もしマイカーで逃げる人が多いと、道が渋滞して多くの人が逃げおくれてしまう。

家族に高齢者・乳幼児・病人・障がい者など避難がむずかしい人がいる場合は、前もって自治体に相談して避難方法を決めておこう。

❺の場合は遠くへ逃げる必要はない。すぐに家の中へ避難して火山灰をさけよう。

外出先だったら、近くの家や建物の中に逃げよう。命の危険があるときは緊急避難といっ

て、人の家に入っても許されるので、安心して避難しよう。

　火山灰が降るのが落ちついたら、がんじょうな建物に避難しなおす。火山灰が数十cmも降ると、弱い建物はつぶれてしまうからだ。小中学校などが避難所として地域で指定されている。

　噴火が落ちついたら、次に警戒するのは、降りつもった火山灰の土砂崩れだ。とくに雨が降ると流れやすくなり、土石流をおこす。

　土石流は地形にそって流れるので、危険な区域は予測できる。そこで、安全な場所にある避難所が土石流避難所として指定されるので、そちらへ避難しよう。

　噴火によって被害が想定される地域では、地域の防災センターや役所で配布されている火山防災マニュアルに、ふだんから目をとおし

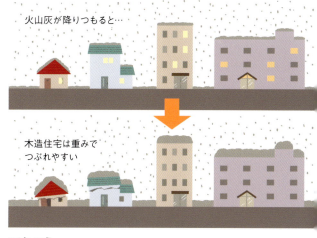

火山灰が降りつもると…

木造住宅は重みでつぶれやすい

ておこう。

　避難所などは地域ごとの細かい取り決めがあるので、地域の防災訓練に参加して情報を得ておこう。

避難所などの防災標識

広域避難場所

避難所（建物）

津波避難所

津波避難ビル

洪水　内水氾濫

津波　高潮

土石流注意

崖崩れ　地滑り注意

調べに行こう！火山のひみつ！

自由研究　地域の避難所を調べよう

火山にかぎらず、地震や風水害など大規模災害のときには避難所を利用することになる。地域の避難所を探し、家や学校からの避難ルート、広さ、備蓄品などを調べてみよう。

●**流下物**……噴火によって火山から流れだしてくるもの。溶岩流・火砕流・融雪型火山泥流など。

●**風水害**……大雨と強風による災害。洪水・高潮・台風・竜巻など。土石流などの土砂災害もふくまれる。

避難のときはマスク・ゴーグル・ヘルメット

火砕流（雲仙岳）

噴火警報中に避難するときは、降ってくる火山砕屑物から身を守れる装備が必要だ。非常用の持ち出し袋や備蓄品は地震用のものとほぼ同じ。

噴火警報で避難する必要のある区域に住んでいる人は、もしものときにそなえて避難用品を準備しよう。また噴火予報が出ている火山に登山する人も、同様の装備を持って出発しよう。

- 防災ヘルメットか防災ずきん
- 防塵ゴーグル（水泳ゴーグル＋保護フィルムで代用可）
- 防塵マスク
- マフラーかネックウォーマー
- 非常持ち出し袋
- 軍手
- 長袖・長ズボン（燃えにくい木綿製）
- レッグカバー
- 底の厚いしっかりした靴

○ ワイシャツ　○ 厚地のトレーナー
○ チノパン　○ ジーンズ　○ デニムシャツ
× フリースなど毛羽立ったもの　× えりが大きくあいたもの
× ニットなど薄くやわらかいもの

防災ヘルメット…降ってくる火山砕屑物から頭を守る。防災ずきん・自転車ヘルメットでも代用できるが強度は弱い。首も保護しよう。

火山灰対策ゴーグル（防塵ゴーグル）…目を守る。水泳ゴーグルでも代用できるが弱いのでガラス飛散防止フィルムをはる。目が傷ついたときに炎症をふせぐ抗生物質入り目薬があると安心。

火山灰対策マスク（防塵マスク）…火山灰は少量でも肺炎をおこす。風邪用マスクでは代用できない。緊急時はマスクにガーゼを重ね三角巾などで鼻から下をすきまなくおおう。

服装…火山灰にふれないように肌を出さない服装で、火山灰が服の中に入らないよう首や足まわりをカバーする。ウェットティッシュがあると肌をふけて安心。

レッグカバーの作り方

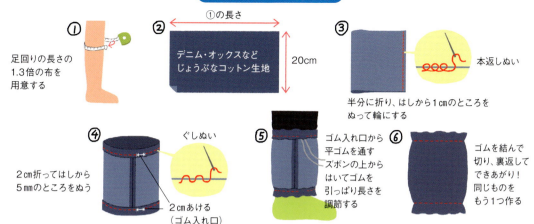

持ち出し袋に入れる

家に備蓄する

非常用の持ち出し袋および備蓄品の中身は、地震用のものとほぼ同じだ

非常持ち出し袋…重さの目安は大人の男性で15kg、女性で10kg。体力におうじて自由に歩ける重さにおさえよう。

調べに行こう！火山のひみつ！

自由研究　自分流の非常持ち出し袋を考えよう

火山にかぎらず、非常用の持ち出し袋は防災準備の基本だ。家族によって必要な物資や量もちがう。自分の家族が避難するには何がどれだけ必要か、リストにしてみよう。

●**炎症**……虫に刺されたりばい菌が入った傷口が赤くはれて熱をもち痛むなど、体が有害な刺激を受けたときの防御反応。しかし炎症のせいで健康が害されることもある。

●**肺炎**……肺が炎症をおこし呼吸困難になる病気。火山灰は強い酸性のうえガラスの破片のようにとがり、肺の細胞を傷つけて炎症をおこす。悪化すると肺がんの危険もある。

降灰のときはマスク・ゴーグル・掃除用品

噴火する桜島

火山灰は健康を害するほか、家具を傷つけ精密機器をこわす。家がつぶれたり交通事故の原因にもなる。特別な掃除が必要だ。

噴火したとき、火砕流などの流下物は届かないものの、火山灰が降るおそれのある場所を降灰区域とよぶ。

たとえば鹿児島県の**桜島**はモクモクと噴煙をあげ、その火山灰は風向きや噴煙の量によっては隣県までも降ってくる。

そこで気象庁では降灰予報を出し、火山灰が降ってくる範囲と、小さな噴石が降ってくる範囲を知らせている。

火山灰が降るおそれのある地域では、防塵マスクと防塵ゴーグルを準備する。火山灰が降っているあいだは家の中に避難する。

そのために非常食と水を準備しておく。水道の水に火山灰がまじると飲めないので、備蓄の水を飲もう。

家の窓はしめきり、すきまは**養生テープ**で目張りしておく。出入り口もひとつにして、火山灰を家の中にもちこまないようにする。外から帰ったら、玄関で服をぬいで着がえる。

火山灰がついた服は、ブラシをかけて火山灰

降灰予報の例

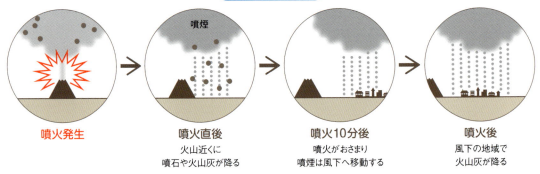

噴火発生	噴火直後	噴火10分後	噴火後
	火山近くに噴石や火山灰が降る	噴火がおさまり噴煙は風下へ移動する	風下の地域で火山灰が降る

降灰予報（噴火の有無にかかわらず定時）

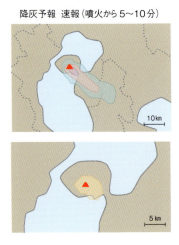
降灰予報 速報（噴火から5〜10分）

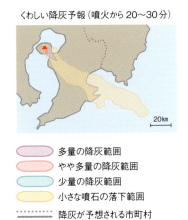
くわしい降灰予報（噴火から20〜30分）

- 多量の降灰範囲
- やや多量の降灰範囲
- 少量の降灰範囲
- 小さな噴石の落下範囲
- 降灰が予想される市町村

を落としてから水と洗剤多めで洗う。水の量は、洗濯機の中で洗濯物が自由に動けるぐらいだ。洗濯する人はゴーグルとマスクをつける。

降灰がおさまったら掃除をする。家の中を掃除するときも、ゴーグルとマスクをすること。

掃除の手順は、まずパソコンなどホコリをきらう機械類をラップでくるんだり、ポリ袋の中に入れる。掃除は掃除機とエアーダスターで。ほうきは使わない。仕上げは雑巾で水ぶきする。こすると傷がつくので、たたくようにふく。

家の外の掃除（除灰）は、ラジオなどで除灰作業の指示が出てからおこなう。ゴーグルとマスクのほか、火山灰が肌にふれないよう長袖長ズボンで。必要な道具はスコップと、灰を運ぶための台車だ。

屋根の上の火山灰は、1cmつもると1m²あたり10kgになり、数十cmつもると木造家屋などはつぶれてしまう。また数cmつもったところで雨が降ると、重みでつぶれる。

そこでスコップやほうきで灰を落とすが、火山灰はすべりやすいため、作業には注意する。水で洗いながすのは、灰を落とした最後の仕上げとして。火山灰が残っている状態で水で流すとセメントのように固まってしまう。

道路の除灰は、自分の家のまわりの必要なところだけ、水でしめらせて踏みかためておく。

外出中に降灰にあったら屋内で待機し、ラジオなどの情報を聞く。コンタクトレンズは目を傷つけるので外す。

車を使うのはひかえる。火山灰は1mm弱つもっただけでもすべりやすくなり、スリップして事故をおこしたり、火山灰をまきあげて迷惑になるからだ。

消防車や救急車など、必要な車もゆっくり徐行運転を心がける。

調べに行こう！ 火山のひみつ！

自由研究　3日分の非常食の献立をつくろう

水道・電気・ガス・流通が完全に止まったと仮定して、家族の3日分の非常食の献立をつくる。栄養や保存性はもちろん、おいしくあきない献立づくりに挑戦しよう。

●桜島……鹿児島湾にある成層火山。標高1117m。活発に噴火し、噴火警戒レベルは3。1914年の大正噴火では死者58名。2万8000年前に噴火した姶良カルデラが桜島とその北の湾になった。

●養生テープ……ガムテープに似ているが粘着力が低く、仮どめなどに用いる。

電気は火山に弱い

減災には入念な準備が必要だ。現代の生活に電気は欠かせないが、電線も発電所も火山灰で故障しやすい。

風

風上の地域には火山灰は降らない
風向きが変わった時に注意

火山のまわり
巨大噴石や
火砕流など
逃げる・シェルターに隠れる

火山から10km以内
火山灰が数cmつもる
噴石が降ったり
融雪型泥流におそわれることも
家がこわれる・噴石に当たってケガをする

火山から300km以内
火山灰が降る
せきが出る・家が汚れる

　火山の噴火は、被害がおよぶ区域や規模などあるていどの予測ができる。だから事前に準備がしやすく、減災の効果が出やすい。
　公共設備が火山に強ければ、救助や復旧がすぐにできて減災につながる。
　ところが生活に必要不可欠な電気は、発電も輸送も火山に弱いのだ。
　電線に火山灰がつもると、重みで切れたり雨にぬれてショートして停電する。電気がないとコンピュータが動かせないので、公共施設が止まって多くの人命が危険にさらされる。これは電線設備を地下に埋めることで減災できる。

ただし地下の電線は修理に時間がかかる。
　発電所も火山灰に弱い。火力発電所は空気を取り入れるフィルターが火山灰でつまる。
　原子力発電所は原子炉そのものは火山灰に影響されないが、万一のとき原発を制御するための非常用発電機は軽油を燃やすので火山灰がつまる。過去に火砕流が到達していた場所にあるものは、もし同じ規模の火砕流がおこると原発が埋まって制御できなくなる。
　太陽光発電も火山灰に弱く、太陽電池に灰がつもると発電できなくなる。
　火山地帯の温泉を利用した地熱発電所では

太陽光発電

小規模の発電に向く
くもった日は発電できない

大規模な発電では太陽電池が広く地面をおおう
環境をこわす

風力発電

ごく小さな発電に向く

風が一定しないので出力も一定しない

鳥が風車にぶつかる

潮汐発電（潮力発電）

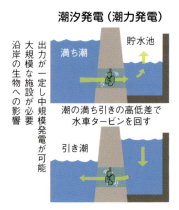

出力が一定し中規模発電が可能
大規模な施設が必要
沿岸の生物への影響

満ち潮

貯水池

潮の満ち引きの高低差で水車タービンを回す

引き潮

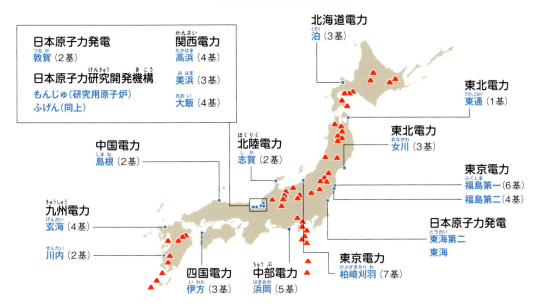

日本の原発と活火山

湯量の不足がおこりやすく、水力発電や風力発電なども大規模な発電はのぞめない。

火山に強い大規模発電方法の開発が減災のかぎをにぎる。現在、マグマだまり周辺の高温の地熱を利用した発電方法が実験中だ。

火山の破壊力は圧倒的で、人間の力はとてもおよばない。

けれども人間の知恵は、46億年の過去や未来を考え、無限の宇宙の果てや深海の海溝の底、さらに目では見えないマントルの奥底まで見とおすことができる。その知恵で、わたしたちの先祖ははるかな古代から、この豊かな自然にめぐまれた日本列島で、火山の脅威を防いできた。

きみの中にも、その賢い知恵が受けつがれている。火山を恐れる心は決して忘れず、しかし冷静な勇気をもって、向きあっていこう。

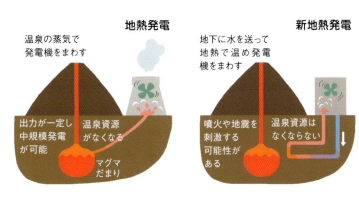

自分の町で考えられる火山被害と対策についてまとめてみよう！

日本のどこにいても火山と無関係ではいられない。けれど、日ごろからそなえていれば、何があっても安心だ。クラスや家庭で話しあい、みんなで知恵を出しあおう。

さくいん

あ行

アイスランド式噴火……………………… 34・35
阿蘇カルデラ……………………………… 70・71
アメイジア………………………………… 49・59
アルプス・ヒマラヤ造山帯……………… 47・50
安山岩…………………………………… 20・22・23

伊豆・小笠原海溝………………………………… 45
遺伝子……………………………………… 56・57

ウェゲナー………………………………………… 49

か行

海溝…………………………………… 44・51・52・59
海底火山……………………………… 18・19・26・57
海盆………………………………………………… 51
海洋プレート………………………… 44・45・50・52
核……………………………………… 40・41・42・54・58・59
花こう岩……………………………… 20・22・23・58
火砕サージ………………………………… 24・25・31
火砕流……… 23・25・30・31・32・64・67・70・71・
　　　　　　74・80・82
火山ガス………………………… 23・24・25・31・66・72・73
火山岩……………………………………………… 20・22
火山砕屑物……………………… 25・28・29・31・64・76・78
火山性地震………………………………… 72・73
火山性微動………………………………… 72・73
火山弾……………………………………………… 28・29

火山灰……… 23・24・29・32・33・66・67・68・69・
　　　　　　71・74・76・77・80・81・82
火山灰対策ゴーグル（防塵ゴーグル）………… 78・80
火山灰対策マスク（防塵マスク）……………… 78・80
火山礫……………………………………… 28・29・64
火成岩……………………………………………… 22・23
活火山…………………………………… 17・30・48
活断層……………………………………………… 53
火力発電所………………………………… 68・69
軽石（パミス）………………………… 27・28・29・66・67
カルデラ（噴火）……………………… 21・63・70・71
環太平洋火山帯………………………………… 50
関東ローム層…………………………………… 67
かんらん石………………………… 20・22・27・41
外核……………………………… 40・42・43・46・48・59

気圧………………………………………………… 41
鬼界カルデラ……………………………… 70・71
熊本地震…………………………………… 53・71

原子………………………………………… 54・55
原子量…………………………………………… 55
玄武岩…………………………………… 20・21・22・23

恒星………………………………………………… 58
構造線…………………………………………… 51
コールドプルーム………… 44・45・46・48・49・57

84

さ行

死火山	43
シェルター	64・65
褶曲山脈	47
貞観大噴火	16・68
常時観測火山	4・17・64
昭和新山	20・23
シラス台地	33
震源	52・53
深成岩	20・22・23
水蒸気爆発	20・64
スコリア	27・28・66
ストロンボリ式噴火	25・35
成層火山	23・24・31・35
閃緑岩	20・22・23
全球凍結	56

た行

太平洋プレート	44・50・51・52・53
太陽光発電	82
大陸プレート	44・45・46・50・51・52
対流	40・43・59
楯状火山	23・26・27・35・36
断層	51・52・53
断層型地震	53

地殻	40・42・43・44・45・56
地殻プレート	44・46
地球磁場	57
地層	46・47
地熱発電（新地熱発電）	55・83
潮汐発電（潮力発電）	82
天皇海山群	43
天保の大飢饉	33
天明の大飢饉	33・34
等粒状組織	22
土石流	30・31・74・77
トラフ	51・52

な行

| 内核 | 40・42・43・48・59 |
| 二酸化ケイ素 | 20・21・23 |

は行

ハザードマップ	65
ハワイ式噴火	27・35
パンゲア	46・49・57・59
阪神・淡路大震災	52
斑状組織	22・23
東太平洋海嶺	43・48・50

東日本大震災……………………………… 52
非常持ち出し袋…………………………… 79

風水害……………………………………… 77
風力発電…………………………………… 82
フォッサマグナ………………………… 50・51
フッ素症………………………………… 66・67
プリニー式噴火……………………… 24・25・35
プレート境界………………………… 44・51・52
プレート境界型地震…………………… 52・53
プレートテクトニクス………… 46・49・56・58・59
プレート内地震………………………… 52・53
プルームテクトニクス…………… 45・46・49・59
ブルカノ式噴火………………………… 25・35
噴火警戒レベル………………………… 63・74
噴火警報…………………………… 64・75・78
噴石……… 23・29・32・64・65・66・67・75・80・82

平成新山…………………………………… 21
偏西風……………………………………… 67

放射性元素……………………………… 54・55
放射線…………………………………… 54・55
防災ヘルメット…………………………… 78
北米プレート………………… 44・50・51・52・53
ホットスポット…………………… 42・43・48・49・61
ホットプルーム………… 42・43・45・46・48・49・57

ま行

マグマだまり……………………… 42・59・71・72
マントル………… 40・41・42・43・44・45・49・50・54・58・59・61

や行

融雪型火山泥流………………………… 74・82
融点……………………………………… 42・43
ユーラシアプレート………………… 44・50・51・52
溶岩……… 16・18・20・23・26・28・32・34・35・42・57・68・74
溶岩ドーム…… 15・20・21・23・30・31・38・39・63
溶岩流…………………………………… 25・32

ら行

流下物…………………………………… 76・77
領海………………………………………… 19

写真・資料提供

アジア航測株式会社
国土交通省九州地方整備局雲仙復興事務所
国土交通省東北地方整備局湯沢河川国道事務所
青森地方気象台
青森県観光国際戦略局
新潟県防災企画課
気象庁　海上保安庁
岩木山観光協会
蔵王町教育委員会
群馬大学
倉敷市立自然史博物館
中野 俊　須藤 茂　風早竜之介　尾関信幸　中川光弘
草野有紀　石塚吉浩　垣外富士男　永友武治　川辺禎久
Sonata
NASA
日本標識工業会

皆様に心より感謝申し上げます

[著] 夏 緑 ● なつ みどり

神戸大学農学部卒業。京都大学大学院理学研究科博士課程修了。
代表作に『遺伝子・ＤＮＡのすべて』『子どものための防災BOOK 72時間生きぬくための101の方法』（共に童心社）『ぼくのかわいい病原体』（中外医学社）『免疫学がわかる』（技術評論社）『これだけ！iPS細胞』『これだけ！生命の進化』（共に秀和システム）などがある。漫画原作『獣医ドリトル』（小学館）はＴＶドラマ化された。
日本分子生物学会会員。宇宙作家クラブ会員。

[絵] 末藤 久美子 ● すえふじ くみこ

武蔵野美術短大卒業。グラフィックデザイナーを経て、'92年よりイラストレーターとして活動。広告、雑誌等、さまざまな分野の仕事多数。近年は、児童向け書籍の仕事を中心に活動中。主な作品に『森・川・海つながるいのち』（畠山重篤・著／童心社）『絵でわかる社会科事典⑥ 衣食住の歴史』（学研教育出版）『母と子の心がふれあう12か月のたのしい行事絵本』（ナツメ社）『元気わくわく夏だいすき！図鑑』（チャイルド本社）などがある。

ブックデザイン―――須藤康子
図版―――川原田眞生
DTP―――由比（島津デザイン事務所）＋田坂和歳

火山列島・日本で生きぬくための30章
歴史・噴火・減災

発行―――――――2017年1月15日　第1刷発行
　　　　　　　　2017年4月 5日　第2刷発行

著―――――――夏　緑
絵―――――――末藤久美子
発行所―――――株式会社童心社　http://www.doshinsha.co.jp/
　　　　　　　〒112-0011　東京都文京区千石4-6-6
　　　　　　　電話　03-5976-4181（代表）
　　　　　　　　　　03-5976-4402（編集）
印刷・製本―――株式会社光陽メディア

©2017 Midori Natsu, Kumiko Suefuji
Published by DOSHINSHA Printed in Japan.
ISBN978-4-494-00550-5
NDC.450　26.3×18.8㎝　87P

本書の複写、スキャン、デジタル化等の無断複製は著作権法上での例外を除き禁じられています。本書を代行業者等の第三者に依頼してスキャンやデジタル化することは、たとえ個人や家庭内の利用であっても、著作権法上認められていません。